用同理心解鎖孩子的情緒

帶你看見孩子的內在需求，讓教養不再卡關

何翩翩 著

Part 2 校園篇

Part 3 家庭篇

Part 4 校外篇

推薦序——

放下你的擔憂，孩子才能長大

沈雅琪

我是幼教系畢業，曾經在師院學習過蒙特梭利的教育理念，一直以為蒙特梭利只限於幼稚園的學齡前孩子，閱讀了翩翩老師的這本書才發現，蒙特梭利尊重孩子、重引導的教育模式，對於各階段的教育也很適合。

在書裡看到一段：「如果大人只是一味的想保護自己的財產，亦即蒙特梭利所說的：對兒童的吝嗇，那孩子勢必會出現許多反抗的行為與情緒，造成更多親子間的衝突；又或者直接消極地選擇放棄努力，無助地被大人們剝奪這些學習的能力。」我感觸很深。在教育現場多年，這樣被照顧得過於周到的孩子，真的太多太多了。

曾經帶過一個孩子，在中低年級時阿嬤每天亦步亦趨的跟著上學，上課時全程坐在教室外面等候，天冷立刻幫孩子穿上衣服，上完體育課趕緊幫孩子擦汗、遞上水壺，幫他更換衣服、吃飯時叨唸著飯吃太少、這個要多吃點……

孩子中年級時，有一天放學，我看見他對著阿嬤嘔氣，阿嬤追著他當眾大喊：「你都不聽話、你都不聽話……」我上前去詢問，才知道孩子剛上完體育課滿頭大汗，只是不想遵從阿嬤穿上厚外套。

五年級剛開始，這孩子在班上總是低著頭不敢看人，完全沒有學習動力。熱了不知道脫衣服、冷了不會加，對任何事情都沒有興趣、沒有自信，問他任何問題都無法回答，沒辦法下決定。

阿嬤不讓孩子跟著去進行任何活動，說上游泳課會感冒、去戶外教學會曬太陽……我跟阿嬤爭執了幾次，請她不要再到學校，也請爸爸出面簽同意書讓孩子參加學校安排的教育活動，用整整一年改變。六年級時，孩子慢慢能抬起頭看著同學的眼睛說話，老師問問題不再只說不知道，能夠開始表達自己的想法，人際關係也改變很多，能跟大家打成一片。

當一個孩子從小被強迫著要遵從長輩的想法，就無法真正感受到自己身體傳遞出來的訊號，無法學習遵從自己的需要去照顧自己。

也遇過畢業旅行時，有個媽媽擔心孩子，要孩子打電話回家，短短兩天內，也不斷的打給我，問我：「為什麼孩子不接電話？」「為什麼孩子沒回電話？」「孩子現在在做什麼？」要我提醒孩子洗完澡要吹頭髮、要刷牙、要……我告訴媽媽，孩子忙著做活動，而且我們要孩子不要隨時拿著手機，所以孩子沒辦法立刻反應。有老師和帶隊的看頭看尾，孩子不會有危險，孩子很好，請媽媽就放心讓孩子好好享受兩天一夜的旅行。

書上有一句話說得真好：「我們都應該放下操心，不要過度干擾孩子。」過度的擔心，會讓孩子綁手綁腳，放手讓孩子去嘗試，他們才能知道該用什麼方法面對世界。

孩子在上學時會遇到很多狀況，像是不想上學、討厭寫功課、與同學之間的相處問題、被霸凌……翩翩老師以她教養三個孩子的經驗以及多年的教學經歷，有許多的思考方向和協助孩子的方法，

翩翩老師提供了一個很棒的想法，她說陪伴專注力差的孩子完成作業，可以在一開始專注力尚好的時候先完成他最討厭、最難的功課，再處理簡單的作業。否則在精神最好的時候先寫簡單重複的作業，時間一拉長，再處理複雜的功課，孩子就更沒有耐心。

我在教室裡，則是規定孩子們可以利用下課或是午休時間完成作業，不過，

一定要先完成數學作業。在學校情緒穩定、可以跟同學討論，遇到不會的題目可以問老師。把困難的作業先完成了，回家再寫孩子自己可以完成的作業，這樣寫作業就不會是痛苦的事。

帶孩子有好多眉眉角角，翩翩老師總是能用她最溫柔的堅持，用各種正向又溫和的方法來帶領孩子成長。讀翩翩老師的書就如一本武功祕笈，教給我們許多陪伴孩子面對問題的方法，真的獲益良多。

（本文作者爲資深國小教師）

推薦序——

愛有界限，過猶不及

翁菁菁

從出生到獨立生活，人類發展成熟的過程遠比其他動物緩慢，除了睡飽喝足以外，孩子還需要管教與學習，方能在社會上生存。在以往的威權主義時代，孩子們只要遵循著社會的規範、大人的指令，在既定的框架上攀附生存，直到成人；而在今日的民主時代，我們更強調思想自由、行為自主，重視個人的獨立思考、成就動機與自我實現。

現在的父母該如何引導孩子找到適性之路，並無既定的腳本可循。在這少子化的時代，每個孩子的出生都是彌足珍貴，而且是為全家族所期待的。舉手投足盡在爸媽的鏡頭裡捕捉，喜怒哀樂也不放過。在這細心呵護的過程中，也投射了家長對孩子的期望，會期待孩子可以依照我們的樣式成長。

可是孩子不是大人的捏塑品，而是一個獨立的個體，從呱呱落地，喝奶睡覺時就展現個人的獨特氣質。有的嬰兒規律性高，適應力好，大人很快就可以掌握並建立生活作息的節奏；有的嬰兒堅持度高，情緒反應激烈，照顧者在養育上便十分吃力。

因此從孩子出生開始，身為父母就要開始學習如何與孩子相處，練習觀察孩子的行為特質，適度的給予介入，調整自己對孩子的期待，了解哪些特質是無法改變的，哪些行為是可以改變的。

要有寬容的心去和孩子相處，一起去學習接受新的事物，並接受不同的挑戰，而不是一味的要求孩子要按照大人的方式做改變，或是要其他人都要配合孩子的喜好需求。

在與孩子的相處過程中，練習當個稱職的父母並非是件容易的事，也無法從教科書中找到標準答案。每個孩子都是獨特的，而你也是唯一的，雖然一路跌跌撞撞，親子之間終將找到平衡點，可以和諧共舞。

翩翩園長的著作是她長年經驗累積的智慧之書，其中有痛苦、有歡笑、有淚水。不管是從教育工作者或是母親的角度出發，她秉持著蒙特梭利的理念，在教養孩子的實務上貫徹。

我們尊重孩子的意願，但不是放任；我們等待孩子的決定，不要急於介入；我們讓孩子勇於負責，而不責難他的失敗。對於有特殊需求的孩子，透過書中的實際案例，翩翩分享了她的處理經驗，對於讀者們在教養孩子、親師溝通方面十分受用，我樂於推薦本書給大家。

在本書中我最喜歡的一句話，是蒙特梭利女士的名言：「Who can not be independent, who can not talk about freedom.（誰若不能獨立，就談不上自由。）」我們在陪伴孩子逐漸獨立的過程中，不管你是父母、老師或是從事兒童發展相關工作的專業人員，切莫忘記愛有界限，在包容中仍要有溫柔的堅持；也讓孩子知道大人的底線，唯有在紀律中，才能享受自由。

（本文作者爲臺北市立聯合醫院中興院區兒童發展評估療育中心主治醫師）

推薦序——

即便是專家，也會有的教養問題

葉丙成

很早就認識翩翩老師，她在幼教長期耕耘，對於幼兒的教養、發展，非常的專業。翩翩老師這次所寫的新書《用同理心解鎖孩子的情緒》，會是許多家長的福音。

如果您有幼兒或國小年紀的孩子、您常會因為孩子的情緒狀況所苦，這本書我很推薦給您。

每個年紀的孩子的教養，都有不同的專業。翩翩老師這本書幫助家長了解不同年齡層孩子的特質，以及該如何去面對這些孩子，我認為這非常重要。

有很多家長不清楚，孩子在不同年齡時期的特質跟需求是不同的，所以總是以同樣的方式教養孩子。常常會過去可能都還好，但不知為何突然某個時間開始，孩子就突然大爆炸。爸媽也因此陷入很大的焦慮，不知道自己究竟做錯了什麼？

如果我們能知道孩子隨著年紀會有什麼樣的變化跟需求、知道該怎麼去調整我們跟孩子相處的方式，我們就不會那麼的焦慮。翩翩老師這本書，正是能幫助您減少這樣的焦慮。

另外本書我覺得最棒的，是因為翩翩老師過去這麼多年接觸過許多形形色色的孩子與家庭，所以從長年的教學經驗中，她有許多的實際案例可以在書中跟大家分享。

在書中會看到不同的孩子的各種不同狀況，您的孩子的狀況非常有可能就跟書中的幾個案例類似而讓您驚嘆：「啊！這跟我孩子最近的行為好像！」當看到跟自己孩子類似的案例、看到翩翩老師是怎麼教家長調整、面對時，您就更清楚可以如何改變自己跟孩子的相處方式，心也更安了，這也是我認為這本書最有價值的地方！

此外，本書我認為很可貴的，是翩翩老師也分享了她作為家長，在自己的孩子們的成長過程中，也曾有過的種種焦慮以及自己如何走過的心路歷程。各位，這真的很不簡單。

教育專家很多，但鮮少有人願意把自己遇過的困難、挫折跟大家分享。看著書中翩翩老師提到自己孩子因為比較特別的特質，在學校受到的種種壓力，而他們是如何走過這一切；翩翩老師的無私分享讓讀者深深地體會到，教養小孩真的是很有挑戰的一件事，連專家在帶自己孩子也是會有挫折跟低潮的！

翩翩老師這本書，在不同的篇章中從孩子自身、校園、家庭、校外等各個面向去探討孩子會遇到的種種問題，以及我們家長可以怎麼樣做，甚至連課後活動如何安排，都有很完整的討論跟建議。我真心認為這本書，可以幫助我們許多家有幼兒、國小孩子的家長，更了解如何面對我們的孩子，也能幫助我們反思在過去的教養過程中，是否有不對的作法導致了孩子現在的狀況？

翩翩老師不是只是歌頌教養法則的美好，而是讓您看到教養孩子過程中的酸甜苦辣。這是一本「真實」的書；我認為也只有這種「真實」的書，才能讓我們面對教養過程的挫折時，知道連專家自己也都會遇到挑戰跟挫折，我們才不會因為一時達不到許多教養書中的美好而對自己失望。

誠心推薦這本好書，給家有幼兒、國小孩子的您！

（本文作者爲臺灣大學教授、無界塾實驗教育機構創辦人）

自序——

孩子的改變，從父母開始

這本書完成的時機點，是我人生非常特別的一段時期。我離開了十幾年穩定的幼兒園園長工作，稍事沉澱後開展了其他的視野。除了進修一些自己一直很有興趣的青少年課程、心理學外，在朋友的邀請下，來到她的私人課輔班協助照顧小學生課後的生活，也嘗試幫助她開立學齡前的蒙特梭利親子教室，而在和孩子、家長們真實互動的時刻，總讓我感觸與感動滿滿。

原本一心一意想要開一間自己的幼兒園的我，在朋友的親子教室工作時，慢慢發現我最想做、也最拿手的，其實就是家庭教育、親職教育。每一期的課程中都有媽媽和我談到落淚，我心疼媽媽們給自己的壓力，也看到孩子其實充滿無限可能，因此在本書中，我期待能透過許多現場的實例，幫助家長們走出教養過程中這些卡關的時刻。也相信唯有爸媽們願意踏出改變的那一步，孩子的行為才有可能開始改變。

我自己的三個孩子也在這個時間點完成了不同的人生階段。小女兒正式離開國小，踏入青少年時期；雙胞胎兒子參加了人生的第一場大考——國中會考。接下來兩個人將分道揚鑣，一個選擇直升私中，另一個也如願考上了自己期待的高中，我算是可以小小的喘口氣，把這段勞心勞力的教養過程，重新整理回顧，並擷取了一些精華放入了這本書中。

陪伴雙胞胎兒子成長的過程真可謂是峰迴路轉。兒子們是屬於非常挑戰型的孩子，在小學階段的豐功偉業常讓我冷汗直流、害怕接到老師的電話，因為實在無法預期他們又給我出了什麼功課。

他們從沒當過什麼模範生，功課大概就維持在中段而已，更別說小一就面臨轉學的困境，當時的我甚至第一次服用焦慮症的藥物來舒緩情緒。也因此當外考的老二確認考上建中時，我真的打從心底佩服上天這些迂迴奇妙的安排。也許祂不只是為了配備我成為一位更適合他們的媽媽，更是在讓我成為一位真正能感同身受的教育工作者。

這本書我很貪心的從兩歲討論到了十二歲，實在是因為我的生活與工作就是圍繞著這些年紀的孩子轉，而家庭教育帶給孩子的深刻影響也不斷地在我身邊得到印證，甚至在不同年齡層的孩子身上看到一樣形態的爸媽。

因此我試著打破年齡的區間，一路從小寫到大。對家中孩子已在小學階段的爸媽而言，我期待您可以回想當初的起因，再重新思考檢視目前的親子互動；對於孩子尚小的學齡前爸媽而言，我期待您可以見微知著，替孩子看遠一點。如此在育兒的路上遇到抉擇時，就可以更有信心地做出決定。

這本書的完成要感謝的人真的非常多，那些因著孩子而和我結緣的朋友們，讓這本書更接地氣也更真實豐富；也要謝謝我的三個孩子，讓我更清楚的感受到媽媽這個職責帶來的酸甜苦辣，真正豐富了我的生命，讓我了解什麼是最無私的付出；最後當然要謝謝我先生、爸媽及妹妹們，總是在我身後支持我，一步一步完成我的夢想。

我的人生即將要進入下半場，而這次是我的主場。因為終於，我將擁有一間自己的親子教室，也願我可以在這個場域中繼續完成自己的天賦使命，真心感謝曾經以及即將出現的每一個你們！

何翩翩寫於二〇二〇年六月

Part
1

前引篇

蒙特梭利的三大教養核心

蒙特梭利是義大利第一位女醫生，她的理論已在全世界盛行一百餘年。有非常多名人都和蒙特梭利有關，如英國的威廉與哈利王子，Google、亞馬遜網站的創辦人等，都是受到蒙特梭利教育長大的名人，蒙特梭利女士對於世界的影響可說不小。

我接觸蒙特梭利教學十多年來，對於她的許多理論都非常喜愛甚至是著迷，尤其是身在教學現場時，每每看到孩子因著她的方法而受惠，總是有許多的感動和讚嘆。

以下分享她在育兒上最有幫助的三大核心精神：

一、敏感期

孩子在不同階段會對某個部分（如聽力、細微事物、秩序感等）有著特別的吸引力與堅持，錯過了，吸收的效果就大打折扣。

在敏感期中，有一股力量驅使孩子去學習某種特定的能力。當孩子獲得這些能力或是錯過之後，這種敏感期就會消失了。

敏感期的彈性因人而異，因此就算錯過了也不用太擔心，只是身為大人的我們如果對敏感期的理論有所了解，對於孩子的發展與情緒就可以多一層認識與掌握。

舉例來說，零到六歲的孩子對語言有著高度的敏感，因此這個時期是他們學習語言的好時機。在學校，我們會善用孩子正處於聽覺的敏感期來設計語言區的教具。老師們常會準備一個由各個注音符號字母組成的歸類小抽屜箱，在抽屜當中擺放那個符號的小模型，比如ㄅ的小抽屜打開就會有包子、報紙、豹等物品的模型，讓孩子從聲音遊戲的工作＊1示範中，去辨別這些模型的共同聲音為何。

對我們而言，孩子的語言學習並不需要在學前階段就去強記注音符號表，而是希望透過蒙氏語言區的工作，讓孩子了解其實聲音是充滿在我們的環境中，因此反覆的聲音遊戲，或是大人也可以自製注音符號小書讓孩子們閱讀，才是能真正幫助孩子認識注音符號最好的方法。

通常在小班時大量的聽聲音，藉由聲音認識符號，接下來到了中班，他們很自然地就會進入到拼音遊戲，開始拆解小模型所代表的聲音符號。這時如果你詢問孩子「包」子，請問你聽到什麼聲音，孩子很自然地就會告訴你，他聽到ㄅ和ㄠ的聲音。

這時也可為他們準備活動的注音符號字母，讓他們練習拼出自己唸出的單字，再慢慢帶入音調的概念，如此一來，孩子很容易就可以藉由敏感期之力，輕鬆掌握基本的拼音能力。

當孩子掌握了拼音的概念之後，很自然地就可以開始拼出短句。在學校我們會準備圖文紙，讓孩子先畫出喜歡的圖畫，然後引導他們運用注音符號盒拼出圖畫中代表的意思，甚至是故事，這些其實就是未來孩子進入小學後寫作的前身。在家中也一樣可以幫孩子準備這樣的環境，順應他們的敏感期，不干擾的引導他們愛上語言、愛上寫作。

蒙特梭利發現，在成長的階段中，會出現不同的敏感期，驅使孩子去完成不同的學習。她說：「每個兒童都有一種內在衝動，指引他去做一些重要的動作。」

「幼兒乃是在敏感期學會調適自己，並習得特定的能力……在這個階段，所有事情都變得輕而易舉……」

＊大人的「不干涉」能幫助孩子獨立探索

與上述相對，當孩子正在敏感期中卻被打擾、干涉時，就會出現我們大人眼中任性、亂發脾氣、不聽話的行為。

像是當孩子正處於秩序敏感期時，大人不經意的更換了家中的擺飾，或是破壞了每天規律的作息，孩子即刻開始出現不耐煩的情緒，蒙特梭利甚至形容就像是發高燒一樣嚇人。雖然這些狀況來得快去得也快，卻是在反應孩子心理上的焦慮不安，父母應多加注意。

或是當孩子正在語言敏感期間卻用錯方法，硬要孩子強記注音符號表、強迫進行沒有意義的背誦，甚至當孩子小肌肉都還沒有準備好，就要孩子開始大量的運筆練習，都是一種干涉與干擾。揠苗助長的結果常常是讓孩子對語言失去了興趣，甚為可惜啊！

「動手是敏感期的需要」，也許幼兒會把餐桌用得杯盤狼藉，或是把自己穿得衣衫不整，有時甚至不斷重複著一些在大人眼中看來是毫無意義的動作，但這些都是一種敏感期的衝動與渴望。

大人需要讓孩子獨立去滿足這些需求，才能讓他們逐漸步向「正常化」*2；如果大人只是一味的想保護自己的財產，亦即蒙特梭利所說的：「對兒童的吝嗇」，那孩子勢必會出現許多反抗的行為與情緒，造成更多親子間的衝突；又或者直接消極地選擇放棄努力，無助地被大人們剝奪這些學習的能力。

如果大人可以掌握敏感期的種種特徵，就可以輕鬆引發孩子學習的動機，讓孩子成為學習的主人，而非被動的被灌輸與要求學習，我想這是蒙特梭利敏感期理論可以帶給我們教養上最大的幫助了！

＊註1：此處的工作爲蒙氏用語，即讓孩子操作教具並從中學習。

＊註2：正常的兒童是一個智慧早熟，已經學會克制自我，平靜地生活，以及寧可有秩序地工作而不願無所事事的兒童。當我們用這種眼光去看見兒童時，我們可以更正確地把他的「皈依」稱之爲「正常化」。~瑪麗亞·蒙特梭利《童年之秘》

實用撇步123

當孩子出現負面行為時：

請先分辨這是敏感期還是孩子情緒化的表現。如果是敏感期，請盡可能滿足孩子的探索，布置一個安全又充滿挑戰的環境；如果是情緒化的表現，請保持你的底線，同理情緒但不認同行為，才能真正幫助到孩子。

二、跟隨孩子

蒙特梭利說：「大人必須『跟隨孩子』，並信任孩子的渴望以及具有發揮潛能的能力。」

在蒙特梭利博士的著作中，也一直提到大人們總習慣於「抑制孩子的發展」，以為不動才是乖，有時是出於不信任孩子的能力，而以現今的狀況來說則常是出於過度的寵愛。

在蒙氏的教室中可以很清楚的感受到，教室的主人是孩子而不是老師，老師只是引導者、觀察者、記錄者，他會是孩子和世界與學習的橋樑，但絕不是教室中的主角。

老師會透過觀察與對孩子各方面發展的認識，在建立好教室應有的紀律之後，即放手讓孩子去忙碌的探索、去反覆操作以穩固自己的學習，並從中獲得專注力與保有學習的熱情。

跟隨孩子更是所有蒙氏教育者中心的理念。用正向的信念去相信孩子的能力，放手讓孩子自己完成，這樣培養出的孩子將會是獨立、自信，知道自己要什麼的孩子。

但是這裡要特別說明，跟隨孩子絕不是服侍孩子，把孩子照顧到無微不至反而是一種能力的剝奪。

蒙特梭利說：「我們習慣於服侍孩子，這對他們不僅是一種奴化，而且十分危險。這很容易抑制他們自發活動和獨立自主意識，扼殺他們十分有益的主動性和創造性。」

她認為，只知道把飯塞進小孩口中而不教孩子吃飯的母親不是一個好母親，因為「她冒犯了她兒子做為人的基本尊嚴」。可惜到百年後的現在，教學現場還是有為數不少的母親誤以為把孩子餵飽，遠比跟隨他們的意念來得更重要。

我其實很怕一定要把孩子塞飽的爸媽或阿嬤，因為他們並沒有真正跟隨孩子的需要，而是主觀覺得孩子上一餐可以吃這麼多，這一餐也一定要吃這麼滿才可以，卻忽略了就算是大人都會有大小餐的時候。

很多長大後過度肥胖的孩子，很可能就是從小被灌輸了要把飯全部吃完的觀念，沒辦法真正感受到自己身體傳遞出來的訊號。如果真的怕食物浪費，比較好的做法是先讓孩子盛七分滿，然後告訴孩子如果不夠，隨時可以再加飯菜，而不是一開始就給滿滿的大碗，然後要求孩子一定要吃完，甚至最後乾脆硬餵完。

這些在我們眼中都是沒有尊重孩子、相信孩子、跟隨孩子的作法，日後必定會造成孩子的混亂。

＊對孩子的愛，請用在適當的地方

我曾經遇過一個中班的孩子，他在我們學校一年多了，卻還是吃飯時屢出狀況，不是發呆不動、就是吃完後滿桌滿地的殘食，後來只好約家長來會談。

因為阿嬤是主要的照顧者，所以那次會談總共來了四個大人，我們請阿嬤分享在家如何照顧孫子吃飯，阿嬤說：「就是吃飯配電視啊，這樣比較好餵。」基本上就是孫子邊咀嚼邊盯著電視看，等到嘴巴吞下去頭轉過來，阿嬤再塞一大口飯進去。

聽完後，我們終於知道為什麼孩子在班上吃飯會這麼分心，因為沒有人餵，他就常忘記自己要吃下一口；更何況邊看電視（或手機、平板）邊吃飯，孩子真的能享受到食物的美味嗎？還是都被視覺的刺激蓋過了呢？

孩子都是要漸漸步入團體生活、學習獨立的，這樣的寵溺服侍對孩子而言真的是愛嗎？說句良心話，這些代勞真的會累壞現場的老師們，因為老師得重新教導孩子基本的生活能力，得取代家庭應有的功能，也難怪現在越來越多幼教老師掛冠求去，因為真的很辛苦啊！

蒙特梭利說：「我們必須建立從一出生就開始的新教育方式，教育必須依據孩子天生的自然法則重建，而非依據大人社會先入為主的概念和偏見。」

若大人不能放下對孩子與生俱來的成見，總以為他們是什麼都不會，什麼都做不到的弱者，那我們的孩子就會在不知不覺中被犧牲了。

跟隨孩子卻不是寵溺孩子，這說來簡單，執行上卻有許多挑戰之處。大人得先放下自己的成見，或是原生家庭的價值觀，真正看到孩子的特質與需要，而不是努力把孩子形塑成自己想要的模樣。

這其中最重要的關鍵，就是要相信你的孩子有他與生俱來的天賦和本能，我們的工作只是陪伴和引導，幫助他走出自己的路、站上自己的舞台，他才能享受屬於自己的成就。

實用撇步123

孩子不肯好好吃飯時該怎麼處理？

事出必有因，請先找出為什麼孩子不能好好吃飯的關鍵，大概可以從幾個環節著手：運動量提升、定時定量、減少用餐時環境的干擾源、營造良好的用餐氣氛等，並試著讓孩子成為主動進食者。

請放下孩子會餓、會長不大、會容易生病的種種焦慮，提供健康、多元的飲食，然後就請相信孩子可以自己好好吃飯。

如果孩子出現不尊重食物或別人的用餐行為時請立即處理，用餐禮儀需有良好的示範與適度的限制，不要因為怕孩子鬧情緒、不願意吃飯了，而不敢教導孩子正確的行為。

三、自由與紀律

所有的自由都是建立在紀律之上，當孩子願意遵守紀律時，他的自由就是無限的。

蒙氏教室中的自由是有限制的自由，孩子只要能夠尊重他人與教具，即可自由的在教室中探索與工作；我們也常發現，當孩子擁有依著自己的興趣做選擇的自由時，他們就可以在教室內快樂且充滿熱忱的忙碌學習著。

孩子需要有選擇的自由，才能激發他們內在的動機。很多參觀過蒙氏正統教室的人都會告訴我：「哇！蒙特梭利的教室好自由唷！小孩愛做什麼就做什麼！」當然，也有許多人感到驚訝：「真不敢相信！這麼多孩子可以同時這麼和平、又安靜專注地做自己手上的工作。」這些論述都沒有錯，他們看到的就是屬於蒙氏的自由與紀律。

*紀律是自發的約束，而非服從大人的控制

所謂「紀律」，是當孩子需要遵守某些生活準則時，能自發的約束自己的行為，

並對自己的所為負責，而大人的責任之一，就是「教會孩子『責任』在哪裡」。

蒙特梭利所談的紀律，是建立在自由基礎上的「主動」與「積極」。那些看似乖巧的孩子，如果只是被動的配合服從，或是因出於害怕（怕被罵、怕大人囉嗦、怕不被喜愛……）才遵守規則，是稱不上有紀律的。

蒙特梭利說：「他只不過是一個失去了個性的人，而不是一個守紀律的人。」

在蒙特梭利女士《發現兒童》一書中曾提到：「紀律是間接的在和工作同時發展活動時產生的，每個人必須靠自己的努力，透過冷靜和沉著的動作引導用來賴以生存的內在火焰，找出如何控制自己的方法，而不是靠外來的力量。」

大人如果是用霸道的態度在控制壓抑孩子，是無法幫助孩子建立紀律的。

＊請給孩子「有限制的自由」

在家中帶領孩子時，如果可以掌握自由與紀律的原則，絕對會發現教養從來就不是一件難事。

所謂「有限制的自由」，意思是給予孩子選擇的權利。比如早上大家急著要出門，兩歲半的孩子鬧脾氣、就是不肯自己更衣，我們要做的是遵守讓孩子獨立的紀律（自己練習穿衣服），但也可以在其中給予一些自由。

像是前一天睡前就給他兩件衣服，讓他挑選明天他想穿的那一件。有時很奇妙的，當孩子擁有自主權時，他的配合度就會忽然提高了。

蒙特梭利說：「自由必須以獨立為基礎。」因此我們需要不斷地給孩子練習的機會以達到獨立的目的。而孩子的吶喊更需要被大人聽到：「我不希望別人伺候我，因為我並非無能。」只有真正具有這種思想並被滿足的孩子，才能感覺自己是自由的。

我曾經和一位熟識的推拿師傅聊天，他告訴我有一位媽媽帶著兩個孩子一起過來，一個小班、另一個小一，當他在診療室裡幫媽媽推拿時，兩個在外面等的孩子忽然沒有聲音了，師傅覺得怪而趕緊出來，發現兩個孩子正在玩他的手提電腦，他連忙把電腦收起來放高。

過一陣子又發現沒有聲音，出來時發現他們竟然把辦公桌的抽屜拉開，還把裡面的鈔票灑得到處都是。但當媽媽看到後居然也沒說什麼，只是幫忙孩子把東西收一收，甚至還說他們念的是蒙特梭利的學校，只有最重視自主和獨立而已，其他不怎麼重要！

我聽完大吃一驚，有一種蒙特梭利怎麼被污名化的感覺。蒙特梭利是很重視紀律的，更不斷提醒大人們要給孩子有限制的選擇。

所謂自由，絕對不是讓孩子隨心所欲。在孩子還沒有準備好之前就放手，或是不敢要求他們守規矩，很容易讓他們反而走偏。這位媽媽完全誤解了蒙氏所說的自主和獨立，當孩子的行為違反紀律時，當然是需要優先處理並限制他們的自由。

沒有規範就不會有學習，而自由絕對是需要限制的，它不是讓孩子任性而為，而是需要被紀律制衡。例如在教室中，在一定的限制之下（如果小小孩想要拿取超出能力的工作，引導者將會提醒他尚不適合），孩子的確可以自由拿取他們想操作的工作，但是如果他們沒有把前一份工作歸位，很抱歉，這就違反了教室中的紀律，他將被限制在沒有歸位前，不能再拿取新的工作。

＊以「不動怒的堅持」重複管教的原則

在家中亦然。當孩子哭鬧不肯收玩具時，他將不被允許上桌吃飯，因為他沒有完成應盡的責任。

掌管理性思考的前額葉要到二十歲才會成熟，所以想當然爾，這時的孩子常不理性地用哭鬧來試探大人的尺度，唯有「不動怒的堅持」才能真正幫助到孩子前額葉的發展。請平靜但堅持地告訴他：「因為你沒有收好玩具，所以你就不能和我們一起準時用餐，等你收好就可以過來吃飯了。」

管教者可以像是個壞掉錄音機般，不斷撥放要求的原則，但如果看到孩子開始邊哭邊收時，也別忘了給他一些鼓勵：「我看到你已經開始在收拾了，我想你很快就可以加入我們一起吃飯了，我願意在旁邊等你。」

只要大人自己調適好情緒，不跟著哭鬧的孩子起舞、釋放一些正面訊息，就可以讓親子衝突減到最低。

當一個孩子在教室中（或家中）建立了良好的習慣，懂得尊重自己和別人，可以做正確的選擇並自然地展現服從，那他就會擁有真正的自由，也可說是一種從心所欲的內在自由。

勇於選擇 VS. 108 課綱

如果你參觀過蒙特梭利的教室，你可能會很驚訝地發現班上三十個孩子，在同一個空間、時間中，竟然都在專心一志的做著「不同」的工作。

在一間成熟的蒙氏教室中，需要有著豐富且吸引人的環境，以及專業且不干擾孩子學習的老師。這些都是在培養孩子未來很重要的能力之一——「選擇的能力」，也就是知道自己要什麼的能力。

蒙特梭利博士曾說過：「兒童將從生活自理中獲取生理的獨立，在自由選擇中獲取意志的獨立，在無止盡的獨立工作中獲取思想的獨立。」這個核心思想在蒙氏的教室不斷的被驗證著。

光是從一批剛入園的三歲孩子身上，你就已經可以看見不同的家庭教育帶來的差異性。有些孩子一進到教室，先觀望一下後，就開始想要工作、甚至主動和老師要工作；有些孩子卻顯得手足無措。那不是孩子本身的氣質使然，有經驗的老師一眼就可以看出，那是因為他成長的環境中，從來沒有給過他選擇的自由。

當孩子必須放棄內在自我的驅力、放棄選擇的權利，依照大人的價值觀與期許去生活時，他不但將失去自我，更可能從此得依附在別人的身上，或是靠外在的評價而生存著。

讓孩子學會「選擇」的能力

教養子女時，也許你也曾發現，如果你沒有意識的去處理世襲的價值觀，那它就會常常跳出來干擾教養，像是不打不成器、唯有讀書高，甚至習慣用成績好壞評斷人的價值等。就算我們看了很多教養書、知道這樣不好，但發生在自己孩子身上時，還是可能忍不住的掉進原生家庭的思考模式中。

我們在這個世代的教育現場還很容易看到一個現象，就是家長過度的尊重、保護、寵愛孩子，誤以為讓孩子「無憂無慮」，幫他安排好所有的生活就是愛他的表現。也因此這群孩子來到教室裡時，立即顯得手足無措，當沒有一個大人幫他「安排」好下一步時，他根本不知該何去何從。

而孩子們要獨自面對未來時，其中很重要的一項能力，就是他有沒有辦法做出正確的判斷和選擇？知道自己的興趣甚至使命何在？

在108課綱中，你能清楚看到高中課程做了大幅度的調整，未來將有三分之一的選修課出現。如果孩子從小就沒有判斷和選擇的能力，總是依賴大人為他做選擇與安排，當他被動進入到課程中將只能無感學習，更無法成為一位新課綱中想培育出的「有素養」的人。

我們的孩子不是生在像過去那樣靠背誦知識就能得高分的年代，上一代的課綱中提到要培養出的有能力者，也早已不足以應付我們孩子未來的世界。

現在我們要準備的，是讓孩子成為一位有素養的人，也就是說他除了基本的知識、能力外，還必須對這個世界充滿好奇，關心社會現象甚至有能力試著分析與整理，並可以用所學來解決生活上的問題——也就是一個可以把知識用出來的終身學習者。

要做出正確的判斷與選擇是需要大量的練習的，首先大人們必須要如同蒙特梭利博士所說的，讓孩子對錯誤培養友好的關係。因為唯有不怕犯錯，我們的孩子才會擁有嘗試的勇氣。

要營造出這樣的正循環，需要的是大人在孩子犯錯時的陪伴，而非落井下石的嘲弄。像是：「你看吧！我早就告訴你了，不聽吧！現在功課寫不完了吧！」與其如此，倒不如和孩子一起面對與思考可以挽救的方法，像是隔天早點到學校，或是寫聯絡簿向老師道歉，爭取晚一天繳交作業等。

當然，千萬不可以代替孩子經歷這些後果。唯有他自己親身面對並走過，才可能在下一次發生時做出對的選擇。

如果你的孩子很幸運的在幼兒園時有著友善學習的環境，已經為他打下不錯的基礎，進入到小學更是可以放手讓孩子從自己選擇中獲取意志獨立的好時機。

在艾瑞克森社會心理發展八階段中，六到十二歲的小學階段正是發展出「勤勉進取」的時機。

若在這階段沒有讓孩子發揮自己的才能與生產力，很有可能就會出現自卑的危機。孩子必須在這個階段拓展對社會、對世界的真實了解，否則很容易感到無力，甚至只想宅在家中，找不到自我的價值。

請善用小學課後的時間。坊間已經有許多有組織的共學團體出現，讓孩子能在課後老師的帶領之下去探索世界，這遠比關在室內反覆書寫、練習題目來得更能幫助孩子。

現代的資訊流通迅速，所有的知識都可以在網路上找到答案，但孩子若沒有正確判斷甚至選擇的能力時，這些知識不但對他們沒有幫助，更可能有負面的效果，這也是我們所謂的「數位閱讀素養」的重要性。

唯有讓孩子進入到真實的世界去體驗、去探索、去犯錯，才能幫助他們找到自己的人生方向並培養出做正確判斷的能力；也唯有真實世界才能引領孩子們邁向獨立與成熟，而非課本的死知識，更不是網路上似是而非的訊息。

實用撇步123

當孩子犯錯時，我們可以怎麼做？

1. 平靜以對，陳述事實。
2. 陪伴善後，讓孩子處理他能力可及的後果，但絕不可代勞全包。
3. 不要有激烈的情緒化反應，但也請不要過度擔心孩子的自尊受損。
4. 停止事後諸葛，相信孩子已經從負責善後中學習到經驗。

犯錯教我們的事

記得在兩兄弟小三那年、我生日的當天，曾發生一個不怎麼愉快的故事。一大早兩兄弟起床就溫暖的和我擁抱，祝我生日快樂。

那天是星期二，小學是全天班，老大四點放學之後還要參加樂樂棒球社團，到六點才能下課，我實在很怕晚上吃完大餐還得趕作業搞得大家精疲力盡，所以告訴他們如果可以的話，功課盡量在學校找時間寫完，以他們平常的效率，三兄妹應該是可以做得到的。

沒想到接近放學時間，我就收到老師的Line了，上面寫著老大今天居然被老師抓到拿同學的生詞簿偷抄別人的造詞，沒有自己查字典，被老師要求全部重寫時還發脾氣。

我看到的當下真是氣極了，心想這小子怎麼可以做這種事呢？但我想還是要和老師說明一下原因，所以我寫給老師：「今天因為是我生日，所以有交代他盡量完成功課，晚上要吃大餐，沒想到他居然投機，晚上會再和他討論，下次得想看看如何不要造成他的躁動，真傷腦筋，辛苦老師了！」

老師很諒解地回我一早有聽到老大提及此事，老師一忙也忘了，也了解他是求好心切，會再找他談，並鼓勵他勇於和爸媽認錯，相信不會被過度責怪的。我謝謝老師的處理，心裡躊躇著晚點見到他要怎麼處理比較好。

放學時，老大一看到我馬上問：「媽咪，妳看了老師的Line了嗎？」我點點頭，他低著頭沒再接話，我淡淡地問他：「所以你和老師談過了，是嗎？」他默默的點頭說：「嗯。」

我接著說：「媽咪知道你有聽進去媽媽的話，所以很氣自己沒能在晚餐前完成功課，甚至結果還得全部歸零重寫，那你有想過以後可以怎麼處理嗎？」老大說：「嗯，要做對的選擇。」我點點頭，說了句：「懂了就好。」就沒再多說什麼，只摸摸他的頭，爸爸也很有默契的沒有再追問。

我看到了孩子的在乎，所以我相信在這樣的時刻，責備只會帶來更多的逃避、掩飾、藉口甚至慢慢消磨掉孩子的自信與判斷能力。

回家看到老師在老大兩面抄襲的作業上打上大大的紅叉，用紅筆寫著「抄襲！」心還是忍不住揪了一下，他自己把那兩頁撕了丟在書包裡，不過吃完大餐後就毫無抱怨、認命地重新寫過。

我常在想，做父母的我們有時是不是太常急著幫孩子定罪？總認為多說點教，甚至打罵的強度再強一點，孩子就一定可以學會並不再犯？但我們有時卻忘了，孩子其實有自省與向善的能力，甚至可能無意識的想藉由責罵孩子來降低自己身為父母，卻好像沒教好孩子的罪惡感。

慢慢的，孩子也可能開始以為犯錯時最該擔心的是怎麼樣可以避免責罰，而非如何彌補錯誤與修正行為。孩子不犯錯就不是孩子了，但如果每次大人的問題都是：「這是誰做的？」或一開口就是：「你怎麼又這樣！」孩子自然就會開始防禦、辯解甚至學會不解釋、陽奉陰違，因為這是人的天性。而卸下孩子心防最好的方式，就是告訴孩子：「我懂你為什麼犯錯，而且我相信從錯誤中學到的教訓已經夠深了。」

獎懲無用論

這是在蒙特梭利的教育中我非常讚賞的理論。蒙特梭利博士相信，如果孩子已經自己找到動力與方向，獎勵或懲罰對他們來說其實都是多餘的。

懲罰的部分可能比較好理解，但如果孩子只是因為怕被你責罰而不再犯，那絕對不是我們所樂見的，這也是為什麼我們不贊成體罰。體罰也許是最立竿見影的方式，但當管教沒有內化到心裡時，也只是徒勞無功的一種形式罷了。只要權威者不在，孩子馬上現形甚至變本加厲，都是可以想見的狀況。

獎勵為什麼對管教而言也是多餘的呢？因為孩子成長的動力如果都是由外部所控制，當外部的獎勵不見時，孩子就很可能失去所有的動力，這也是最危險的狀況。

舉例來說，我們在教學現場常遇到有一類型的孩子，當他畫完畫之後就會拿來問老師：「老師，你覺得我畫得好看嗎？」如果老師只是說：「嗯，我有看到你花了很多時間，用了不同的配色，很用心喔！」（盡可能引導孩子重視過程）

但如果孩子已經習慣獎勵、習慣讚美式的教養，他就會追著問老師：「老師，你怎麼沒有說我畫的很棒，我很厲害，我可以得一百分呢？」當孩子出現這樣的對話時，我們其實就會馬上警覺到家庭教育可能有了些偏差，以至於孩子過度重視獎勵與結果，忽略過程與努力才是我們該重視的。

為什麼我們要重視的是過程與努力，而不是結果呢？因為世界是現實的，一分耕耘其實不一定等於一分收穫。有些時候我們再怎麼努力，升官發財的還是別人不是嗎？

如果孩子的價值觀是建立在結果，很容易讓他們在遇到結果不如意時而崩潰，沒有辦法坦然面對失敗，所以我們要讓孩子重視自己可以控制的「過程」，並從自己的付出中得到成就感，這才是孩子可以掌握、並引以為傲的部分。

蒙特梭利講求的是「自然後果」。不論是行為好壞，其實都會導向一個自然的後果，孩子必須學習自己去承擔。

比如幼兒不肯收玩具，我們就會告訴他：「你不快收玩具，待會大家都去遊樂場玩了，你的自由時間就會變少喔！」老師就絕對不會告訴孩子：「你不趕快收玩具，下午就沒有點心吃！」因為這沒有直接關係，所以就不是一種自然後果，而是一種懲罰，這樣的懲罰不但會讓孩子不服氣，也很容易激起孩子的情緒。

用自然後果的方式教育孩子還有一個好處，就是你會養出一個負責任的小孩。

在學校如果 A 被 B 撞倒受傷，B 除了道歉之外，我一定要求當 A 在休息冰敷時，B 必須全程陪同，並引導他們如何關心受傷的孩子。絕對沒有 B 受傷不能玩了，A 道個歉後就跑了這回事。

我們絕不希望孩子長大後淪為新聞中開車出了人命、下車後覺得自己付錢就可以了事的人。這樣的觀念是需要從小就建立起來，更是身為大人的我們很重要的教養責任。

實用撇步123

孩子犯錯時，處理的主要原則：

1. 有錯不可糾正

蒙特梭利認為：「只有透過練習和經驗才能糾正缺點，如果到了不得不獎勵或懲罰兒童的地步，那就意味著兒童還缺乏指導自己的能力，因而大人不得不這樣做。」

獎勵也不是不能用，在建立某些行為時的過渡時期，小心使用是可以的。像是用貼紙集點鼓勵孩子，但只要發現孩子過度依賴獎懲制就務必開始調整，以免誤導了孩子的價值觀。

當孩子已開始進入到自動自發的學習態度時，獎懲就是多餘的了，蒙特梭利認為：「它們只會壓抑兒童精神的自由。」

2.請陳述事實

不要誇飾了孩子的錯誤，以為嚇嚇孩子，他下次就不敢了，那其實容易造成孩子心理不正確的影響。

據實以告的陳述加上理性的協助處理，才能讓孩子看到錯誤的真相，而非被大人的情緒所恐嚇。

3.培養對錯誤的友好感情

不過度反應，也不要過度保護孩子。很多時候孩子的玻璃心或是被害者情結，常常是在呼應大人的過度保護。

水打翻了，請幫他們準備好適合他們用的拖把或抹布，讓他們習慣自己去處理，而非落井下石的說：「你看吧！就告訴過你杯子不要放這麼外面！」

如果孩子已經自己負責任地去處理了，也經歷了後續麻煩的收拾，那我們就該收起我們的評論、說教，因為該學的他都已經學到了。

4. 承認自己會犯錯

當孩子意識到連大人都會犯錯，而且沒有逃避的面對與道歉時，那就是最好的身教，更讓他們了解到犯錯沒什麼丟臉或可怕的。

5. 為兒童創造自行糾錯的環境

沒有人喜歡被糾正或指正，但如果可以設計一個孩子可以自行發現錯誤的環境。這不但可以讓他們有成就感，更讓他們覺得被尊重。

因此在蒙特梭利的教室中，大部分的教具都有自行糾錯的功能。不論是感官區的帶插座圓柱體、數學區的訂正版、文化區的世界拼圖等，都是希望讓孩子感覺這是個舒服自在的環境，也讓他們知道，和錯誤和平相處從來就不是件難事。

為什麼孩子總是漫不經心、情緒不穩定？

我有時會遇到來求救的爸媽，他們對於孩子的某些問題困擾良久，因此帶著孩子一起來親子教室，請我看看孩子的狀況，給他們一些教養上的建議。

這天來的是一個用心的爸爸，他還帶著小女孩的保母一起來。爸爸一看到我就急著詢問，為什麼三歲半的小女孩平時在外情緒還算穩定，前一陣子卻常會歇斯底里的在家尖叫，搞得大人很難處理？我請爸爸讓我和小女孩相處一下，看看能不能幫上忙。

小女孩是個挺有規矩的孩子，保母亦步亦趨的跟著她，當我示範完工作或是給她教具時，保母還要求她要說謝謝，她也照做了。我趕緊告訴保母蒙氏工作中不需要一直謝謝老師，一切就自然進行即可。

陪小女孩做了一陣子操作，比較清楚教室的規則後，我離開一下先去照顧其他孩子，再回來看她時，她正要開始做穿線板的工作，因為是第一次做，所以我盡可能緩慢清楚的先為她示範前面三個洞，然後再交給她接手。

做了幾個之後，因為上下順序不對了，小女孩顯得有些焦急，我沒有出手幫忙，只是安靜地在她身邊等著，看她試著把洞中的線拉回來再換個方向塞，這次她做對了，沒多久又因為線有些長，在拉的過程中纏繞住了，她努力了一會兒實在沒輒，就轉頭開口請我幫忙，我對她點點頭，接手了穿線板幫她解開，再交還給她繼續完成。

保母也在一旁忍耐著沒有出手，但忍不住問我：「她做錯的時候到底要不要幫她呢？」

我告訴這位用心的保母：「身為大人的我們一定要先觀察，確認孩子是否可以自行修正錯誤，千萬不要急著出手或出嘴，變成了一位干擾者。你幫了她，就是拿掉了她的經驗。我們從不需要怕孩子犯錯，相反的，如果能夠讓他們從錯誤中自我修正，就是學習與成長最好的機會了！」

看保母認真的點點頭，我又告訴她：「另外，也別忘了讓孩子學會求救。千萬不要一遇到困難就馬上幫她解決，這樣如果之後去上學，在學校遇到問題，她會不習慣求救，反而會憋在心裡，回家才告訴大人。這樣不但錯失了當下最好的處理時機，更會讓她自己在心裡難受很久。」

孩子的事，適當地讓他自己來做

關於學習、關於孩子生理的問題（例如：吃飯、喝水），千萬不要表現得比孩子還擔心、在乎。我們在現場看過太多大人搶去了孩子的責任，然後再反過頭來怪孩子怎麼做什麼都漫不經心。

蒙特梭利說過：「兒童的發展不是我們用眼睛看，用經驗就可以做好。每個小孩都有自己的道路，如何協助小孩走上自己的道路才是重點。」

沒有人可以代替另一個人成長，我們都只是孩子成長的協助者，他有他的路要走，有他的使命要完成。

當孩子表現的漫不經心時，記得先回頭檢視自己是不是擔了太多孩子的責任，以至於孩子失去了動力？也唯有身為大人的我們真正的放下，孩子才能再度扛起自己的責任，大步往人生的路上邁進啊！

回到小女孩情緒的問題，他們要離開時爸爸再次過來找我，我先肯定保母對小女孩的用心，小女孩小肌肉發展得很好，在家肯定都是自己吃飯，也有做到基本的生活能力訓練；看到小女孩每項工作結束後都會記得把教具歸位，相信也是保母用心教導的結果。

但我也看到小女孩的情緒不穩、缺乏自信，很可能是平常保母在她做錯時出手太快，以至於小女孩還不能從動手做中享受到成就與滿足。相信只要保母試著忍耐想立即糾正或協助的習慣，這個有能力的孩子很快就會展現屬於她的自信與穩定的情緒了！

爸爸連聲和我道謝，也真心祝福他們能用愛與相信成就孩子、協助孩子走出自己的道路！

另一位四歲的小乖在我示範完掃工之後，認真地開始掃了起來，但總沒辦法準確地把紙摺的小星星們掃進畚斗中，最後只好不斷地用掃把夾戳著小星星再放進畚斗裡，我沒說話，靜靜地在一旁觀察著她專注的樣子。

幾次之後，和我一起在一旁觀看的媽媽有些耐不住了，拿走了小乖手上的掃把和畚斗，開始一步步教導她正確的掃法，邊做還一步步邊清楚的說明解釋著，我其實大概可以猜到小乖會有什麼反應，但我也想觀察看看這對母女的互動是如何進行的。

當媽媽細心的、仔細的說明完所有步驟加上完美的示範之後，她把教具推回到小乖前請她試看看，小乖二話不說站了起來，準備把教具放回去，媽媽有些訝異的說：「小乖，妳不做嗎？」她搖搖頭，沒有遲疑的就拿著教具離開了。

我告訴媽媽：「就讓她放回去吧，沒關係，下次她想做會再拿出來的。」然後也忍不住告訴媽媽：「小乖是比較內向、觀察型的孩子，因此在她工作的時候我其實會比較傾向不要打擾她。就算她現在做的還不標準，但我會希望能尊重她的步調，當她求救時我才給予協助，又或者之後再找機會重新示範。從她手中直接拿走教具，然後一步步的教、一步步的講，對她來說其實是一種干擾也是壓力，不見得會是好事。」媽媽點點頭表示她知道了。

身為大人的我們必須非常敏感的陪伴著孩子。當孩子全心投入時，我們不能成為孩子的干擾，盡力尊重他們學習的節奏，允許他們透過反覆的練習而達到成熟。

請努力扮演好一位安靜的觀察者而非干擾者，要拿捏好分寸，過度的介入其實會破壞孩子學習的欲望。如果希望我們的孩子未來能成為一位主動的學習者，那就得更留意自己的參與是幫助還是干擾了喔！

對孩子的信任，能幫助他更加成熟

而在我下午協助幫忙的小學課輔班教室中，也曾發生過一個小故事。有一次教室的洗碗精用完了，我去幫忙買了新的。之前的老師曾告訴我，為了怕孩子們浪費亂壓，所以她加了很多水進去，多到連我自己洗碗都要按好幾次。這次當我正要補充洗碗精瓶前，同事又提醒我記得加一點水，這樣孩子才不會浪費。

我停頓了一下，轉頭告訴她：「如果洗碗精原本就是這樣的濃度，我們要做的應該是給孩子們正確的示範，讓他們適當的使用。畢竟所有洗碗精都是設計直接按壓使用，使用說明上並沒有說要加水才適用不是嗎？」同事點點頭表示認同，所以我很慎重地拿著新洗碗精，到全班孩子面前介紹與說明使用方法，並交代同事們接下來幾天孩子們洗碗時，都要再在旁邊做確認與提醒正確使用方法。

這也許只是生活上微不足道的一件小事，但我希望傳遞給孩子的訊息是「我們願意給你們最真實的生活，也相信你們可以好好的使用」。不論是幼兒園階段的孩子，或是小學生們，我都始終相信蒙特梭利說的那句話：「唯有真實的生活經驗，可以引領孩子邁向成熟。」而我們對孩子的信任，那更是對他們來說最真誠的尊重。

所以為什麼孩子會漫不經心地過日子呢？請檢視一下自己是否擔了太多孩子該負的責任，輕忽了他們的能力？不論是出於保護、關愛，還是嫌麻煩而代勞或簡化難度，都有可能是孩子漫不經心的原由啊！

實用撇步123

當孩子做什麼都漫不經心，生活沒有動力時，我們可以怎麼處理？

1. 減少大人的參與

可以陪伴但不要代勞，才不會奪走了孩子的經驗與成就感。更要劃清責任的歸屬，讓孩子自己承擔在能力範圍內的後果。

請讓孩子自行經歷，千萬不要因為大人的不忍，養成孩子不正確的態度與低落的解決問題能力。

2. 觀察是否有生理方面的狀況

睡眠時間不夠、運動量不足、營養不均衡等，都可能讓孩子因疲憊或躁動而顯得漫不經心。甚至如果真的有特殊的需求時（如注意力缺乏），則必須主動尋求醫療資源的協助。

3. 找出孩子的天賦與動力

孩子在做什麼事時眼神會發光呢？請用大人的敏感度去找出關鍵時刻，並放大孩子的成功經驗。建立正向的循環，將有助於孩子更積極的學習與生活。

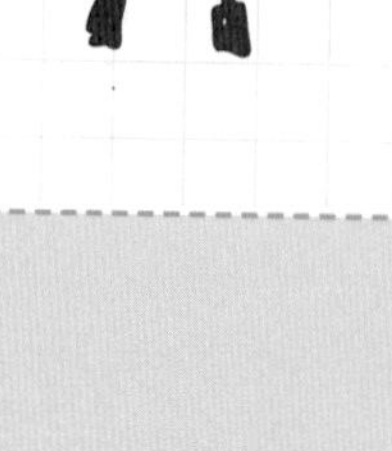

放手後的自由

蒙特梭利女士曾說過：「Who can not be independent, who can not talk about freedom.（誰若不能獨立，就談不上自由。）」這句話在我和孩子與各個家庭工作時，不斷地得到印證。

曾經有一次，在蒙氏親子教室中來了一對母子。媽媽剛進來教室，就立刻扯著嗓門指揮孩子去玩玩具（蒙氏的正確說法其實是「操作工作」），但孩子好不容易選定了一個木製拼圖，媽媽又急著糾正他、指揮他該怎麼放才是對的。

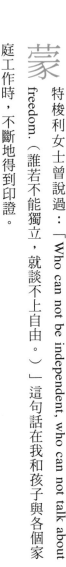

我看到剛滿兩歲的小男孩眼神中流露著茫然，後來乾脆等著媽媽給答案，讓我忍不住介入媽媽的指揮：「媽媽，請別著急，給孩子一點時間去嘗試和犯錯，相信你的孩子好嗎？」

媽媽終於停了下來，很認真的問我：「老師，妳教教我好嗎？我是自己帶孩子長大的，真的很想學學到底該怎麼教他才是對的，不是要多陪他、看著他的一舉一動才是愛他嗎？我這樣做到底對不對呢？」

我能強烈地感受到媽媽對孩子的愛與付出，也立即肯定媽媽的努力與用心，但再看看孩子明顯語言發展偏慢，細心觀察就可以發現，只要他「嗯嗯」一聲，媽媽就像自動翻譯機一樣，馬上回應他所有的需要。

在旁邊的我們，完全沒辦法明白這些「嗯」代表的是什麼意思，也就可以想像如果孩子到了團體中，語言溝通可就會是他要克服的第一個挑戰了。但這真的是孩子有語言發展遲緩的問題嗎？還是環境或大人造成的呢？

孩子要獨立，首先需要一點嘗試的機會

之前我任教的幼兒園曾經收過一個很特別的孩子，在他來上學的前一個月，媽媽打電話來找我，告訴我：「翩翩園長，我想先告訴妳一聲，我們家凱凱是領有亞斯伯格症診斷證明的孩子。」

我聽到時真是大吃一驚，因為這個訊息應該是媽媽當初參觀時就要先告知的。我們雖然有收特殊需求兒，但為了不要造成老師過度的負擔，每班是用限量的方

式來安排處理，但班也編了、媽媽註冊費也繳了，木已成舟，我們也就只能做好萬全的準備來幫助這個孩子與家庭。

媽媽接下來又告訴了我一些孩子的狀況，包括凱凱因為味覺非常敏感，所以只吃白色的東西，像是鯛魚、白菜、白飯等食物，其他一概拒絕，甚至連一般孩子都很愛的肉鬆他也完全瞧不上眼。

雖然我這幾年在現場遇過非常多飲食方面有狀況的孩子，但我們還真沒遇過只吃白色食物的個案。不過因為教師團隊已經身經百戰，也就準備好迎接這個特殊的孩子。

豈料後來故事的發展，竟和我們預期的大不相同。一入學，老師就秉持著堅定且溫和的態度來處理凱凱的飲食問題。先是不動聲色的給他和其他同學一樣的食材，但卻偷偷減量來測試他的底線，觀察他的反應來斟酌下一步。凱凱每次雖然都皺著眉，看起來面有難色，但也都願意勉強跟著其他孩子一起嘗試不同顏色的食物。

有一天的點心出現了孩子們都很愛的仙草，不過想也知道「黑色」肯定不是凱凱的菜，所以老師刻意安排了胃口特好的孩子們坐他旁邊，帶動吃飯的氣氛。

盛好點心後，老師平靜地說：「凱凱，我們來吃仙草了吧！」看得出來凱凱因為沒有吃過而心有抗拒，但他看看身旁大快朵頤的同學，也就默默端起碗嘗試了起來。

看著他把小小碗的仙草喝完，老師也沒有誇張的稱讚或獎勵，只有如同平常的態度問他：「還需要再一碗嗎？」他搖搖頭，我們也就笑笑地接受了。

接下來的破關活動也就越來越順利，記得每次放學媽媽聽到今天凱凱居然吃了壽司、仙草、炒飯、牛肉麵等各類食物時，總是高八度的重複著食物的名字表示不可思議，甚至兩個多月後還開心地打電話告訴我，他們終於可以帶凱凱去外面吃飯了，他第一次吃到壽喜燒，全家開心得不得了。

能夠自由的享受各種食物，看起來好像是件稀鬆平常的事，但當孩子無法獨立的面對與接受環境的安排時，或因著大人的不忍、不耐煩而不願意給孩子機會時，他其實連吃都失去了自由。

六歲前是最好拉大孩子味覺敏感度、並接受各種食物的時機，當我們詢問三歲前怎麼處理凱凱吃的問題時，媽媽回答我們：「保母說我們家凱凱很難搞，所以只能順著他，我們就都只提供他想吃的食物，從來沒再勉強過他了。」

孩子是否能往獨立的路邁進，是需要大人溫和的堅持，並提供他適當的環境，包括飲食的多樣性、均衡營養的預備、定時定量、用餐禮儀等。如果只是順著孩子的心意教養，不但剝奪了孩子獨立的準備，更會讓孩子未來適應團體生活時出現許多阻礙，真的需要我們三思啊！

孩子的安全感，來自父母的反應

另一個例子是蒙氏親子班的小悠。有一天媽媽問我：「翩翩老師，到底為什麼我的孩子這麼黏我，只要我一離開就一直找我？我其實平常已經全心全力都在陪他了，為什麼他還是那麼沒有安全感？」

小悠的媽媽有些心急地問著我，我看著二歲半的小悠，當媽媽在身邊全心陪伴他時，是如此的安定又專注，只是當他又再次拿出「投信差」（一種將信件投入信箱的教具）時，媽媽立即上前阻止了他，告訴小悠：「我們家比較少那邊那種粗蠟筆，你也比較不會畫畫，所以來，我們畫畫先。」我就可以大概猜出他們的親子互動出了什麼問題。

我先告訴媽媽我對小悠的肯定，在這個資訊紛擾的世代，孩子能夠專注地做好手邊的事，是件多麼美好的事情啊！

「媽媽，妳有看到他的專注嗎？」媽媽說的確，在家中小悠可以專注地做自己喜歡的事好久。但我說：「媽媽，妳是不是不自覺地給了小悠很多期待，希望他可以學得更快、可以吃得更多、可以做得更好？」媽媽又默默地點頭。甚至連小悠在發呆、放空的時間，媽媽都會忍不住地催促他去做些什麼、不要浪費時間。也難怪小悠這麼沒有安全感，總覺得自己達不到媽媽的要求，事事需要媽媽的同意和肯定。

媽媽問我她可以怎麼做呢？我告訴媽媽：「媽媽需要先放輕鬆些，我看到了妳的努力，甚至有些委屈，但孩子有他的路要走，請好好欣賞妳的孩子吧！」

孩子如果想要做投信差的工作並樂在其中，那就讓他去滿足吧！因為如果沒讓他在這個階段滿足，而是一直在滿足媽媽的需求與期待，長大後你也很可能沒辦法接受他選的科系、他找的伴侶，甚至是他的人生。

其實只要大人用正確的語言與方式和孩子互動，孩子的獨立就是指日可待的事情，因為他的獨立從不是逼出來的，而是陪出來的。

媽媽終於聽懂了，也驚覺了問題，客氣的謝謝我點醒了她，我知道這關不好過，且媽媽對獨生子小悠的期待與家族壓力不是說放就能放的，但至少是個開始了。看著孩子繼續專注的工作，我知道小悠還有好多的美好，等待媽媽去欣賞、去肯定。

實用撇步123

當孩子自己不願意動手、都要大人幫忙時：

大人可以一起撩下去，但只部分參與，可以讓孩子覺得有趣並得到陪伴；或是找出趣味點來轉移孩子逃避的情緒，半推半就裝不會，請孩子幫忙，讓他願意開始。

其中的關鍵是「萬事起頭難」。當大人幫忙開了頭之後，記得最後一步一定要讓孩子自己完成，才能建立孩子的成就感。

Part

2

校園篇

讓孩子永保學習的心

每年到了選校大作戰的時期，我都會不經意看到或聽到家長對於選校的困擾。到底要選私校還是公校？小學英文的學習到底該如何安排，才能在歡樂與壓力中取得平衡？

有一次看到一位用心的爸爸，他分享自己在幼兒園放學時間，鼓起勇氣找其他家長聊聊，想知道目前小一以下教育現場的狀況為何，到底他該讓孩子：

1. 念私立雙語小學、不送安親班
2. 念公立小學、送全美安親班
3. 幼兒園是否念過雙語／全美對小學的影響

選擇學校前，你了解孩子多少？

看到爸媽們的焦慮，讓我想要以教育工作者及三個孩子都即將進入國高中階段的過來人經驗，分享這些年來我的作法與觀察。

首先我要問的問題是，**身為父母，你有多了解自己的孩子？**

你的孩子是活潑好動型還是循規蹈矩型？是敏感保守型還是外放探索型？每個孩子的氣質不同，就算是雙胞胎也有著不同的性向喜好，適合的環境也就跟著不同。

在幼兒園十多年來，常常有畢業生爸媽來和我們分享孩子進到不同小學的狀況。不論公私立的學校都有其優缺點，**重點是你的孩子適合嗎？**

如果你的孩子是屬於活動量高的類型，需要大量的運動時間，你為他選擇的學校可以滿足他這方面的需求嗎？如果他有其他的專長和興趣，學校有足夠的資源來支持他不同的學習嗎？

108課綱實施後，更讓我們了解到未來孩子的世界需要孩子充滿好奇心、能主動學習與和世界保持連結，學校所提供的教學場域，是擴展了孩子的視野，還是揠苗助長的消滅了孩子的學習熱情？

也常有家長告訴我孩子容易分心，所以要送到比較高管束的私校，這樣才能專心。這點我一定要再次說明，**分心這件事情，絕對不可能因為高壓的管理，或是貼身的監督就可以杜絕，請務必找出孩子分心的原因，**通常不外乎以下幾點：

1.缺乏學習動機

有些課堂內容孩子在補習班都上過了，到了學校當然覺得無趣，因此開始分心聊天、放空，甚至干擾課程秩序。

2.外在環境不友善

傳統填鴨式的教育方式常因沒有因材施教，導致孩子跟不上進度或在某個點卡關後就自我放棄，沒有和老師產生良好的互動，因此無法融入課程中。

3.運動量是否足夠

有非常多的學術研究證明，**要提升孩子專注力的不二法門，就是給孩子足夠的運動。**

運動可以調節神經系統內正腎上腺素、多巴胺、及血清素等的分泌，可改善情緒狀態並促進學習動機與認知。

國立台灣師範大學體育學系特聘教授張育愷教授甚至提到：「二〇一三年一份研究顯示，慢性有氧健身運動如跑步、游泳、自行車，以及重量訓練等皆能促進大腦在額葉、枕葉、顳葉等七個部位的體積和密度。意味著長期運動後，大腦神經傳導效能和功能較佳，而該些腦區所代表的認知功能如記憶力、學習力、語言處理、情緒處理亦有較佳表現。在二〇一二年更進一步的國際整合分析研究，急性健身運動（20分鐘）無論在運動當中、立即結束後、及結束後一小段時間，皆有正面效益。其中之效益不僅發現在專注力、記憶力等，甚至還包括執行功能（executivefunction）等高階的認知功能。」（本文節錄自ETtoday健康雲報導。）

此外他於二〇一七年發表在《心理生理學（psychophysiology）》的研究進一步發現：「比起不運動的參與者，參與一次性的有氧運動20至30分鐘不僅使得認知功能行為表現變佳，許多與認知功能有關連的大腦區域也被活化。」因此可以清楚的看到運動對學習與專注力有著極大的幫助，可惜還是有不少的家長以為叫孩子乖乖坐好不動，就能讓孩子專注學習。

4.後天生理狀況的限制

生理問題包含很多面向，**光是長期睡眠不足就可能是分心的主因，尤其是幼兒園孩子更是如此。**

規律的作息是孩子成長重要的基石，千萬不要因為大人自己的習慣而造成孩子跟著晚睡晚起，這其實是很自私的行為。既沒有考量到孩子真正的需要，又再來怪孩子容易分心，孩子真的是何罪之有啊！

其他還有不健康的飲食習慣，高糖、咖啡因食品、沒有吃早餐、營養不均衡……都可能會造成孩子注意力無法集中的問題。

5.先天生理狀況的限制

當我們在教學現場發現孩子偏差的行為時，首先一定要一一過濾是否是教養或環境上的干擾；如果都不是，這時就會考慮是否是孩子先天生理的限制。

比如先天注意力不足的問題，如果是先天的限制，處理的方法就會完全不同，需要醫療資源挹注時，請家長千萬不要因為自己不願意面對而犧牲孩子的救援機會。

相較於即將而來的中學階段，小學真的是比較沒有課業壓力的時候了。艾瑞克森的心理社會學理論中也提到，這個階段是要用教育來解決孩子勤勉或自卑危機的過程，如果只讓孩子被動地跟著安排好的進度走，其實是有危險的。他們需要更多機會去學習運用自己的力量和所長來解決問題，並走進真實的社會中探索、學習。

小學的學校經驗對兒童未來是否可以成為一位勤勉的大人，有著關鍵性的影響。必須要幫助他們發展興趣、充實能力，有成功獨當一面、解決問題的經驗，才能讓這階段的孩子不往自卑、充滿失敗感的心理發展，成為一位不卑不亢的大人。

所有的學習，主要是動機的營造

我和先生在孩子小學階段都是上班族，但我們家三個孩子小學六年都沒有送到正式的安親班過，他們有幾年是參加課後學社，也有參加過學校的課後照顧班再搭配學校各式社團。

雙胞胎哥哥們第一次補英文是小六，國中後也就沒再去過英文補習班了。現在國九的他們有各自的發展，弟弟這幾次模擬考英文也都拿到A++滿級分。但回想小學階段，對比其他優秀的同學們，英文還真不是他們的強項。

身為母親的我，唯一努力的事就是穩住自己。不因為心慌而強迫他們學習，耐著性子的等待適合的時機，不斷營造英文是有趣、有用的氛圍，我相信這是幫助他們找到動機最重要的關鍵原因。

「跑得早不如跑得好」一直是我所堅信的理念。在幼兒園階段我並不反對接觸英語的學習，重點是教材、環境及老師是否可以引發孩子的動機？會不會造成孩子的壓力？與其逼著孩子上課、背單字，還要聽到孩子說「我討厭英文」，不如等到孩子準備好了之後再開始學習。

我相信一個準備好的孩子，他所蘊含的潛能是不可限量的，更不用說幼兒階段最重要的語文學習絕對是母語。如果孩子連母語的基礎都打不好時，更遑論其他語言的學習了。

最後在教養上所有的安排、選擇，都別忘了靜下心來問自己：「你在擔心什麼？」

我希望你可以閉上眼，在腦中想想孩子最美的那個笑容，接著問自己：「你所做的一切安排真的是因為孩子嗎？還是因為你曾經在人生的某處跌了一跤，不想要孩子重蹈覆轍，所以一定要幫孩子做這樣的安排？」

這是孩子的人生，不是你的。身為父母的我們可以陪伴、引導，可以用盡一切努力的愛他，但絕不是主宰他的生活，只有放下心中的執念，才能看到孩子真正的需要。

因此你問我要選哪個學校？要不要送去全美的安親班？我想我沒辦法給你答案，因為答案早就在你的心底。

實用撇步123

當孩子不想上學時怎麼辦？

1. 先了解是否有人際上的問題，被排擠、霸凌等常是孩子拒絕上學的主因。
2. 盡可能客觀的收集資訊，從不同面向了解孩子為什麼不想上學，並主動找老師或學校求助。
3. 如果孩子真的出現恐慌、焦慮、情緒不穩定的狀況，可以找第三者求助。建議資詢專業的心理諮商師，這樣通常也可以同步協助穩定大人的情緒，讓大家可以更理性的面對與處理。
4. 若情況太嚴重，不妨讓孩子請一天假，陪著他平撫心情，並積極面對處理。當然不鼓勵孩子只是因為心情不好而放假，但如果爸媽覺得已經到孩子的臨界點、甚至出現身心症，必要的請假還是需要安排的。

親子教室小故事

蒙特梭利女士說：「Education requires only one：through the child's inner strength to achieve self-learning.（教育所要求的只有一項：通過孩子的內在力量來達到自我的學習。）」

兩歲多的小女孩在我示範完剪紙之後，樂此不疲的剪了起來，紙片不小心掉在桌上地上，她看了一眼，卻不想停下手上的動作，慢慢地她剪到滿桌滿地都是小碎紙，剪到幾乎忘我的境界。

我暗示媽媽沒關係，就讓她剪吧，因為看到她如此努力、一張接著一張的想要剪在黑線上，有時成功，多數是歪斜的，但她沒有放棄，就這麼無聲無息地剪下去。

過了15分鐘後，她終於站起來告訴我：「我剪完了！」

看著她心滿意足的笑容，我微笑著對她點點頭，告訴她：「好唷，那現在我們來收拾吧！」她也認真地對我點點頭，開始用小手一一撿拾起地上的小紙片。

這就是孩子內在的力量吧，謝謝媽媽聽懂我的暗示，沒有急著要她收拾，更沒有急著教她怎麼剪在線上。能夠成為不干擾孩子學習的大人，尊重孩子學習的節奏，真是件不容易卻很重要的事啊。

很感動今天小女孩的媽媽和我一起欣賞著小女孩的認真，更一起享受了這場小小心靈滿足的饗宴！

從容陪伴孩子寫功課

有一段時間，我受朋友之託到一間私人的小學課輔班幫忙，體驗了不同領域的工作。一直以來，自己的三個孩子在完成作業方面從沒讓我花太大力氣，直到接下這份任務，才開始體會為什麼有這麼多家長在陪孩子寫功課時，會如此叫苦連天，猛爆雷啊！

記得有一次，在我花一個半小時同時陪伴一個小亞斯和一個中年級過動兒完成功課後，真心覺得可以給自己拍拍手，我實在是已經用盡十八般武藝、耗盡所有的精力和腦力了。

雖然過程中可以感受到自己的杏仁核不斷顫抖，還得深呼吸保持前額葉運作順利——因為一個一直插嘴管另一個、大聲抱怨發牢騷、亂開玩笑亂起鬨；另一個裝死，自己閉著眼睛說：「我不要張開眼睛就不用寫啦！」

我內心翻了無數次白眼，他好不容易張開眼睛，又開始邊玩兩腳椅邊說：「可是這個很難啊！可是我就是不想寫啊！」奮力抵抗寫作業這個苦差事。想起之前有位小一媽媽的求救文，詢問著如何能從容地陪伴孩子寫功課，又能培養他們獨立、自動自發的態度，這中間還真有著不少學問。且讓我深呼吸後整理歸納一番吧！

階段性目標的給予

幫孩子切割功課量，讓孩子有階段性任務達標的感覺。比如在他又快卡關時，就趕快先出招：「哇，剩最後一個字這頁就完成了，你就已經寫完今天一半的功課了！」而不是讓他只有自己嚇自己的焦慮和永遠寫不完的挫敗。

當階段性任務完成時，記得給予立即的肯定：「我看到你一鼓作氣的時候，真的好快就可以完成作業呢！」讓孩子感受到成就感，才是一切動力的來源。

萬事起頭難

如果你的孩子容易分心，大量的貼身陪伴在一開始是必要的，千萬不要以為只出一張嘴，功課就會完美完成，世界上沒有這麼簡單的事，教養尤其如此。努力幫助孩子不要一看到功課就啟動負向感受，用成人的正向能量帶領孩子進入穩定的情緒氛圍，並逐漸成為習慣。

寫功課亦然，讓他習慣所有問題累積到最後一起詢問，而不是一直中斷、急著問一個字或是問一題數學，會讓他養成分心的習慣。

我曾經遇過一個過動的孩子，因為太習慣寫功課時遇到問題就馬上問老師，並立即得到回饋，所以後來甚至考試時也不斷舉手詢問老師看不懂的題意，無法靠自己耐心的去詳讀與解題。最後才小三的他，數學期末考居然四分之一的題目寫不完！造成這樣的後果實在可惜啊！

還有一天放學時，我正在一對一陪過動兒寫完最後最困難的部分，看到有家長來接孩子，我就起身去招呼。然後你可以想像，接下來這個孩子跑出來教室找我多少次，一下問這個字不會，請他回去先寫其他部分，一下又跑出來問不相干的問題。

十分鐘內跑出來第四次後，我只能音調提高、堅定地請他尊重我正在和家長說話，並請他回去教室練習等待。等我忙完回到他旁邊，很認真的問他：「我很想知道你真正一直跑出來找我的原因？」他低頭想了一下告訴我：「因為你沒有在我旁邊，我很難專心！」我也只能嘆口氣說我懂，給他一個擁抱後還是告訴他，你必須自己練習自我控制，因為不可能有個大人永遠都在你身旁陪伴你。

特殊需求兒的挑戰往往高出普通孩子非常非常多倍，因此處理的複雜度也就會相對提高，必要時也可能會需要醫療的資源協助，千萬不要輕忽了。

實用撇步123

從簡單的功課開始建立孩子的成就感。

但如果是專注力差的孩子，可以反其道而行，趁著一開始專注力尚好時先完成他最討厭的功課，用大人的敏感度去找出最佳路徑。

1. 必要時使用工具協助

例如計時器、換個姿勢寫功課、允許跳行寫……甚至起來開合跳一百下，讓全身循環一下再重新出發。

小學生的專注力大約只有20～30分鐘，適時的休息會幫助孩子更有品質的完成功課，而非都在放空、分心。

2. 環境的準備

最好讓孩子有獨立的空間、乾淨的桌面、安靜的環境、完備的用具，如果有手足最好能稍微隔開，才不會彼此干擾。不要比鄰而席，或者面對面坐，都可以有效減少干擾的機會。

3. 盡量不要邊寫邊擦掉

我知道這很挑戰父母的極限，看到醜字不伸手實在全身不自在。但還是建議到最後一起處理，才能讓孩子了解與比較。也可先提醒他自己全篇檢查完、修正後再給大人檢查，先習慣做自我修正的動作。

4. 在衝突最高峰時，記得深深吸口氣

心平氣和的找到孩子在抗拒的到底是什麼，並給予真心的協助。但也不可完全代勞，有時可能只是橡皮擦很難用、這一課的國字很難寫、或是數學一錯再錯，都會讓孩子打從心底排斥。

請用大人的敏感度找到原因，並幫忙降低一些難度，有時卡關的地方就輕鬆過去了，真的不用硬碰硬。

5. 當他分心時，幫助他重上軌道

比如協助他坐好、拿好筆、擺好作業，讓他感覺一切蓄勢待發，只

差他啟動能量。

6. 若即若離

如果你的孩子已經慢慢穩定，記得開始若即若離，但保持在視線範圍內慢慢放手，這是他獨立完成作業的第一步，相信如果掌握好這些技巧，每個爸媽都能從容地陪伴孩子寫功課了！

如何避免校園霸凌？

霸凌兩個字，在單純溫和的校園（尤其是幼兒園）看起來似乎遙不可及，事實上卻有可能是你的孩子每天要面臨的問題。當剛開始情緒化的負面行為未被妥善處理時，就有可能演變成長期的霸凌事件。

什麼是霸凌？

挪威學者丹・奧維斯對霸凌的定義為：「一個學生長時間、並重複地暴露於一個或多個學生主導的負面行為之下。」

霸凌分為關係霸凌、語言霸凌、肢體霸凌、性霸凌甚至是網路霸凌等，在單純的幼兒環境中，比較可能出現的大概是關係上的問題。例如領導型的孩子搧動大家：「我們大家都不要跟某某玩。」若只是偶一發生，只要大人敏感度夠高、及早介入引導，就不會演變成所謂的霸凌事件。

而幼兒前額葉控制力較弱，因而肢體霸凌也比較常出現。但肢體霸凌顯而易見，所以大部分也都可以得到妥善的處理、慢慢減少。

到了小學，孩子各方面能力增加，會變得容易因為被霸凌者的心理因素而選擇隱忍，導致問題擴大。因此能和孩子建立良好、穩定的親子互動就成了最後防線。

當然，學校老師是最重要的第一道關卡，衝突發生時的處理固然重要，能夠營造出尊重的班級氛圍更是關鍵。我們必須教導孩子學習尊重每個人，接著就來總結一下能有效降低霸凌在學校發生的方式：

1. 尊重彼此的差異性

不因為身高、胖瘦、口音等不同而生嘲弄之心，可利用電影欣賞、戲劇扮演學習生命教育的議題。

2. 營造互助正向的氛圍

設計班級活動如優點轟炸，讓孩子學習看到不同的優點，更會因聽到別人的讚美而肯定自己。增加自信心的同時，就不容易因為自卑感作祟而衝動處事。

3. 師生、親子之間溝通順暢

霸凌者或被霸凌者一定都是有跡可循的，若師長和孩子的溝通管順暢、彼此信任，就可以即時求助並得到正向的引導協助。例如可用日記的形式觀察孩子的狀況，並在第一時間介入處理，有時對霸凌者與被霸凌者來說，雙方都會得到良好的機會教育。

在這之中，父母的反應更是關鍵。

記得我小六的女兒曾經跟我分享好友小雲的故事。小雲在學校被另一位班上的風雲人物欺負，聯合幾個同學一起排擠她。然而當小雲回家和媽媽分享沮喪的心情時，媽媽不但沒有同理她的困境，反而告訴她：「你們班的那個萱萱，原本就是很優秀的，長得漂亮、功課又好，妳應該要多學學她才對！」小雲聽到媽媽這樣的反應更是傷心難受，跑來告訴女兒她再也不想和媽媽說任何心裡話了。

被霸凌的孩子通常都會有一些自卑情結，很可能是天生的氣質，也可能是來自家庭對他的不認同，甚至總覺得自己就是不夠努力、不夠好，**也因此這些被霸凌的孩子，在一開始時都不太敢回家討救兵。**

而一再隱忍的結果，就會使得霸凌者氣勢越來越高漲，最後可能就會發生難以處理的結果。**因此當孩子受了委屈，放下心防的回家訴說時，是否能得到應有的同理，將是孩子能不能好好面對的關鍵。**

如果父母回的是：「妳自己要好好反省，為什麼她每次都找妳不找別人！」或是「妳就告訴老師啊，怎麼那麼沒用啊，不會反擊喔？」這些話都會讓孩子對自己更失去信心，甚至失去自我認同感。

唯有我們願意同心協力的面對問題，家庭才會長出正向能量，孩子也才能充滿安全感的長大。**關係中最害怕的就是用「掩蓋問題」來逃避，因為最後它終有崩潰的一天。**

因此當孩子鼓足勇氣告訴你他在學校不公平的被對待時，你可以告訴他：「謝謝你願意告訴我讓你那麼難受的事。」然後你當然可以提出一些問題或建議，但切記不要讓孩子覺得你在斥責、或是懷疑他的能力，務必要保持親子溝通管道的暢通。

孩子在外難免會遇到不公平，甚至受委屈的狀況，我們的角色從不是在幫他排除萬難，讓他一路順暢無比，而是當他的教練、諮詢師。當他需要有人聽他講話時，讓孩子知道你永遠都會在，安心感才是幫助被霸凌者走出陰霾的力量。

不過也要留意，孩子是否習慣扮演受害者的角色來引起注意呢？我們當然應該相信我們的孩子，但也別被親情遮蔽了判斷力。

如果真的發現孩子有這樣的傾向時，記得要在孩子有正向表現時多關心、注意他，而非每次都只有在孩子扮演弱者時才擔心他、關注他，如此才能讓孩子的心理有良好的發展，更真實地做自己。

至於霸凌者當然也是需要同步被輔導的對象，但記得事出必有因，霸凌者欺負別人固然可惡，但本身一定也有需要被幫助的地方，包含家庭給予的壓力、本身是否有衝動性過高的問題、或是也曾經被不公平的對待等。除了矯正霸凌者的行為，也務必同步輔導心理及家庭問題，才能真正對症下藥，讓每個孩子都能正向發展。

我在上青少年課程時，曾聽黃心怡講師說過一句話：「霸凌是一個很難自我療癒的傷口，它耗損的不只是表象的關係和生活，而是最基礎對人的信任。」

經歷霸凌事件肯定是痛苦而不安的歷程，但唯有我們陪伴孩子勇敢的面對，才能幫助孩子長出新的力量，甚至日後看到別人也在經歷時，孩子如果能因著同理而幫助他人度過，將會是最好的療癒方式，相信也會是身為父母的我們放心又驕傲的時刻。

實用撇步123

當孩子回家告訴你他在學校受到不公平的對待時：

1. 請先扮演好傾聽者的角色

對孩子說的話不帶批評，請只帶著好奇與關心，試著了解故事的全貌。

2. 當你其實聽出孩子的問題時

盡可能不要以批判的方式對待他，據實以告你的觀察和想法，讓他先感受到犯錯其實並不可怕，永遠都有補救的機會，並幫助孩子釐清事實的真相。

3. 做出改變的契機

唯有孩子真的認同與看到自己的問題，才有可能真的做出改變。你再冠冕堂皇的道理，對孩子而言都可能只是耳邊風，甚至讓他下回不想再和你分享了。

當你聽出是班上同學或老師的問題時，因為孩子是每天在班上生活的當事人，因此請先委婉的告訴孩子你想要幫助他的地方，也許是和老師通個電話，或是寫聯絡簿問看看老師的看法。

4. 跨入孩子的領域前，請事前告知他

孩子尚在學習與發展中，當然有他不足的地方，但當我們要進入他的領域時，事先的告知是一種尊重和肯定他的表現。如果他拒絕了，請你耐心等待，只要保持和孩子的溝通管道暢通，就不容易發生太嚴重的問題。

拆穿壞孩子的真面目

小四的阿亮在安親班是出了名的頭痛人物，功課比較多的時候，就會開始故意拖延作怪；幾乎每天都在擾亂秩序，大聲講話、喧嘩，讓老師、同學沒辦法安靜地寫功課；這陣子還會做一些挑釁的動作或語言，讓同學不堪其擾，老師紛紛祭出不同的方法想要解決阿亮的問題。

資深的阿芳老師是用忽略的方式，先忙其他孩子的功課，把阿亮放在教室最遠的地方，她認為阿亮都已經小四了，不應該像低年級時，總把他放在老師旁邊的座位緊盯著，阿亮應該要學習管好自己。

小綠老師則是採取和家長連線的方式，因為實在頭疼阿亮的偏差行為，又怕如果太兇、太嚴格會趕跑小孩（畢竟安親班有招生的壓力），如果被家長投訴就更麻煩了。因此事事和家長報告，一方面是求個心安，另一方面也是稍微發洩一下壓力，希望阿亮回家後，一向很嚴格的爸爸能管好他的調皮，讓他有些害怕而不敢再造次。

主管娟娟老師則是採用集點制，知道阿亮讓大家頭疼，所以忙於行政之餘，偶爾看大家快受不了了，就會出手幫忙。只要阿亮寫完一項功課就加倍給他點數，讓阿亮有動機可以更積極地完成功課，不然太常沒寫完功課帶回家寫，家長也會不高興的，當然也希望這樣讓夥伴們比較輕鬆些。

助教Jenny老師則是柔情攻勢，告訴阿亮他讓大家多麼的辛苦，每次數學考不及格時，媽媽會有多傷心，老師也感到好挫折，因為老師好努力地想要教好阿亮，最後還會來個擁抱，希望能感動阿亮，讓他因為有些愧疚而認真一點。

但是很可惜，這些方法都沒奏效，阿亮的問題每下愈況，到底要怎麼做才能真正幫助到阿亮呢？

孩子偏差行為的目標到底是什麼？

我們來認識一下阿德勒的高徒魯道夫．德瑞克斯提出的「錯誤的行為目標」，德瑞克斯認為兒童的錯誤行為，包含四種目標：引起注意、爭取權力、尋求報復、自暴自棄（無能化）。

1.引起注意

這應該算是較低階且比較容易發現的目標了，很常出現在家有新生兒的兄姊身上，為了引起大人的注意而忽然退化，比如大小便訓練失敗、變得像小寶寶般的黏人等，通常是為了要證明自己的地位，在得到大人的注意之後，負向行為就會停止。

2.爭取權力

很多霸王型的孩子會出現的心態，在他們覺得失權時，會壓制或無理的命令別人，表現出很不尊重別人的態度，想要讓大人知道你沒辦法管我，因為我才是老大。

3. 尋求報復

通常可能是因為大人的威脅恐嚇、忽略遺棄等行為讓孩子覺得受傷了、很難受，因而想要傷害別人，或是故意做出一些騷擾行為讓老師忙碌、大家頭痛，這通常是已經進入到比較高層次的偏差行為才會出現的狀況。

4. 自暴自棄

會把自己的缺陷當成避風港，覺得自己就是不行、沒辦法，甚至有時那些缺陷是自己想像出來的。會不斷地違抗命令或故意做反事，已經不再積極的學習和配合，因為覺得自己反正一定會失敗。

在阿亮的身上，這四種錯誤行為目標不斷地輪流出現，到了小四之後的他很明顯的尋求報復和自暴自棄的狀況最多。

老師們的策略為什麼沒辦法奏效呢？因為阿芳老師的忽略法其實讓阿亮感覺到的是沒有了歸屬感。阿亮本身是有注意力缺失問題的孩子，在沒有醫療資源協助的情況之下，小學階段的自控力是不可能隨著年齡增長而一夕成熟的。只是因為他長大了就把他放遠一點、好訓練他獨立，基本上是不可行的，反而讓他感覺到被遺棄了。

小綠老師的作法當然是在逃避責任。雖然她堅持有和爸爸溝通過，是爸爸同意這樣做的，但因為阿亮的父母本身也無法有效處理他的行為問題，爸爸過於高壓、媽媽又過於袒護，所以只會造成更多家庭的紛爭，甚至讓爸爸在氣急敗壞之下動用體罰。這樣的親師連線，其實只是讓安親班的戰火往家中蔓延。

主管娟娟老師不是扮演長期陪伴孩子的角色，偶然出現就大量給獎賞的結果，當下看似有用（阿亮當天果然功課寫得很快），但當獎賞消失，動力也就會跟著消失。或是對阿亮而言刺激已經不夠時，他很可能會變本加厲想要更多的獎賞。

另外，強調孩子的特別性會增加他的過度野心，很容易會引起他把生命中較無用的一面，轉換成個人邏輯「如果我不能成為最好的，那我至少是壞的這邊最強的」。

更嚴重時，他可能會全部放棄而不再努力，另一方面其實也會造成班上其他孩子覺得不公平，當天就有一位同學說他不想寫功課，因為寫了也沒辦法像阿亮一樣得到那麼多獎賞。

最後助教Jenny老師雖是出於好意，但卻模糊了焦點，把人和事混在一起處理的結果，反而造成孩子更多的心理壓力，甚至是感受到情緒勒索。

「你如果不寫功課，就會害媽媽傷心」這樣的話語是相當危險的，不論孩子聽了之後有努力或沒有努力寫功課，都不會是我們想要的結果。因為怕媽媽傷心而寫功課，完全失去學習真正的意義；沒有努力寫功課而造成內疚感，更是危險的連結，很可能讓孩子出現更多反社會性的行為。

真正能幫助孩子的方法

首先必須讓孩子覺得自己是有價值而且有歸屬感的，然後試著找出孩子的負面行為是因為哪個目標。

1.如果是為了要「引起注意」

那請在他出現偏差行為時理性、中肯但低調地提醒；而他出現正向行為時，必須立即給予肯定，讓孩子感受到原來當我正向積極的表現，就會有好的回饋，即可削弱負面的行為。

對於小小孩，或是孩子剛開始出現負面行為時，千萬不要表現出厭煩，可以試著運用幽默，或轉移注意力的方式來化解會更有效。

2.如果是為了要「爭取權力」

如果孩子總想要當老大，要大家都聽他的，可能是由於與父母或其他教養者之前的錯誤經驗，使得孩子誤以贏過大人為目標，並以拒絕溝通來對抗大人，更使得許多大人苦於孩子不願意溝通。

最重要的回應方式就是「不要掉入他的戰爭中」，大人要更敏感地發現孩子行為的目的，然後告訴自己跳出戰場來，避免掉入權力的爭奪中，甚至多製造一些情境讓他可以行使權力。

比如當班上的小老師，或是參與家務、協助照顧管理弟妹，必要時甚至大人承認失敗或表示需要幫助、主動示弱都可以讓孩子有正確的轉移，能夠展現權力、學習負責。

3. 當孩子出現「報復行為」時

這時非常容易惹毛大人，因為他的信念就是「你們讓我不好過，所以我也不會讓你們好過的」。他很可能不斷騷擾班上同學或老師，讓大家不堪其擾，這時需要大人出乎他意料的一些正向團體活動，運用團體鼓勵、優點轟炸等方式，讓他覺得自己被喜愛了，才有可能削弱他想要報復的心理。

大人必須理性的向他承認他所經歷的挫折是難受的，當他又出現偏差行為時只給予他自然的後果，而非加重懲罰來逼迫他改變，更不可以逃避不處理。

別忘了提醒自己：孩子真的受傷了，不要向困獸鬥爭，他們的反撲是可怕的。要思考如何讓他們感受到我們是同一陣線的朋友，才有可能減緩他報復的行為。

4. 最難處理的「自暴自棄」

當孩子進入這個層次，我們必須要更有耐心地重新建立他的自信，絕對不要用同情的心態，讓他覺得自己很可憐，那反而會讓他待在原地更久。「同情」很少能幫助孩子，它傳遞的訊息是「人生是不公平的」，了解當時的狀況，同理並相信孩子擁有改變的能力會是更大的幫助。

我們可以請孩子自己設立目標，並依照他的速度完成，更讓他清楚自己是如何打敗自己的，鼓勵他的努力以及小小的成功，並幫助他找回自己的興趣與熱衷的事物。

甚至告訴他：「你可以讓我們覺得你不會，但我們覺得你做得到的！」如果孩子傳遞或說事情太難的訊息，我們的期待應該與孩子的能力與成熟度相符，如果他嘗試卻失敗，也要肯定他至少已有嘗試的勇氣了。

最後請小心運用讚美，那和鼓勵非常不同。讚美在一些孩子身上有一點鼓勵的作用，但它通常更會引起焦慮和害怕。有些孩子很依賴讚美，最後可能演變成只為了得到認同而表現。這樣是危險的，因為他把動機交到了別人的手上而非自己，當外在動機不見的時候，孩子就會陷入無助、失去目標。

另外，我們應該要讓孩子記住成功只是我們努力過後的附屬品，不該是我們追求的目標，否則孩子將很難面對失敗。

阿德勒學派認為孩子最初的「錯誤行為」都不是要故意作怪，常常是出於好玩、無知、疲累、無助等因素，如果大人的回應讓孩子覺得他在家庭或團體中的位置受到威脅，他就會逐漸形成真正的錯誤行為，以達到引起注意、爭取權力、尋求報復、自暴自棄（無能化）的目標。

因此阿亮的狀況必須從切身的陪伴，建立自信、給予他歸屬感，幫助他肯定自己一小步的進步開始。不用他人的情緒作為交換條件，理性但堅定地設立目標與界限，讓他了解已經發生的事無法再改變，但我們永遠可以為了未來而努力。

沒有一個孩子願意變壞，他只是在等待有個大人願意拆穿他的真面目，讓他的心重新柔軟起來。

實用撇步123

如何分辨兒童錯誤行為的四種目標？

1.年紀較小或才剛開始出現錯誤行為時，通常以「引起注意」為大部分目標。

2.當孩子出現無理、霸道、過度有野心與競爭性，讓大人覺得有壓迫感時，通常是屬於「權力爭奪」，這時如果你示弱或主動跳出戰場，就會馬上看到他戲唱不下去了，接著就可以趕緊進行信任與關係的重建。

3.如果你發現自己一直在浪費時間，反覆處理孩子相同的行為，就可以思考是否孩子故意在惹人討厭，很可能是他進入了「報復行為」，不自覺地想拉著你一起體驗自己的痛苦，你得有所覺察與行動，讓孩子離開報復的心理。

4.當孩子異常的違抗所有的指令，固執地只想做自己想做的事，讓大人覺得自己的領導權不斷受到威脅，就可能是孩子以「自暴自棄」為目標而在做錯誤的行為。

這四種錯誤行為有可能會交替出現，孩子本身當然很難有所察覺。阿德勒學派強調，孩子本身是個極佳的觀察者，卻是個極笨的解釋者，對自己的經驗往往不能有正確的了解。因此大人就扮演了重要的角色，幫助他們正確的看清問題所在，重新認識自己、肯定自己，為自己的行為與人生負責。

學校是孩子的貴人，還是挑戰？

我記得有一次陪小六的兒子去班聚，發現他們班很特別，雖然男生女生剛開始分開坐，但最後也非常開心的聚在一起玩牌、講笑話。

上車後，兒子忽然有感而發的告訴我：「媽媽，如果是以前中年級，我們才不跟女生玩呢，但是現在很不一樣。」

「對呀我也有發現耶，你們班男生女生會一起玩，為什麼呢？」

「是因為上次的壘球比賽啊，後來女生還哭了。」

「上次五年級的班際比賽嗎？你們不是很可惜以一分之差在首輪就輸了嗎？」

「女生那時並沒有哭，我們是輸給最後冠軍的那班呢！而且我們不知道原來比賽規則是只比兩局而大意了。其實一開始大家就都很不看好我們班，還說我們會慘敗，結果並沒有。」

「所以你們女生不是因為這樣哭了嗎？」

「不是，是因為比賽完之後我們責怪女生，老師知道之後安排了一場男生和女生的壘球大賽，結果女生還是輸給我們男生，然後她們就哭了。」

「所以你們發現了她們很努力嗎？」

「嗯，她們還自己約週末拚命練球，那次比賽之後，我們班男生和女生的關係就變得很好了！」

我邊開車，邊在心裡默默讚許著他們的老師，不用責罵、高壓、說理、嘮叨去處理這樣的議題，而是要孩子們看到彼此的努力。能遇到這麼用心又專業的老師，真是兒子的福氣！

多一點包容與善意，就能改變很多事

但就讀公立小學的我們，也不是一路都這麼好運的，記得曾看到網站上一位小二媽媽的求救信，內容是關於她孩子班上一位輕微過動的同學。這個同學是弱勢家庭，由阿嬤撿資源回收維生，但這位媽媽因為同學影響了自己的孩子，而後召集了四位家長一起和學校與這位阿嬤談判，要求這個同學轉班，阿嬤當然淚流滿面不知所措。

我看完之後內心非常悸動，雖然自己是教育工作者，但其實在陪伴兒子們長大的過程中，辛酸的歷練可沒少過。首先湧入腦中的，就是老大小一時在學校的痛苦回憶。

在小一結束前，老師親自撥了通電話給我，告訴我：「如果你們家不做些什麼（轉學），開學後的家長日，其他家長會對我們做什麼就不知道了！」讓我驚訝不已，不敢相信這些話是從一位台北市公立學校的老師嘴裡說出來的。

我們轉學後，聽說那個班陸續被老師及一群家長逼走了六個「會惹麻煩的孩子」，我們家是第二個，讓我有些後悔，當時是不是應該挺身而出為孩子們發聲，甚至打電話到教育局反應，而非懦弱的選擇轉校。

而轉學後的老大有一天回家告訴我，他被同學提名競選班上的模範生，雖然沒有當選，但當我聽到時，真的是有想掉淚的衝動。這中間不過短短幾個月的時間，真的很感謝新學校與老師願意給老大機會，願意管教與愛同時進行，讓我和孩子又重新有了信心。雖然孩子還是不完美，但終於又看到屬於他的美好。

弟弟小二時遇到了一個傳統型的老師，這位老師當時在過年前發了一封嚇死我的簡訊，讓我二話不說的趕到學校找老師開會。

簡訊內容大致是：「他上課常在玩自己的東西，很不專心，結果這次是把彩色筆組成槍，老師請他交出來，他不但不交，當老師伸手去拿時，他還不肯放手……」

唉，想也知道老師會這麼火大，這樣的情形絕不是只發生過一兩次。在發洩完長長的故事之後，老師順口說了句：「我們班上只要不遵守規則就會被扣一分，扣一分要罰抄一次課文，到現在為止，他已經被扣了『82』分了，不過我想他也不可能抄完，就隨便他好了，我也沒再要求他抄……」

聽到這裡，我大概知道兒子為什麼會如此自我放棄，常常和我說不想上學了。每過一陣子老師都會在大家的聯絡簿上貼出全班計點的最高分和最低分。雖然沒有具名，但想必大家都知道最低分的就是他（因為都記在黑板上啊），兒子在這樣的氛圍之下，是用什麼樣的心情來面對大家的眼光呢？

我當下承諾，請老師給我們一個學期補完這82遍的課文。因為我相信兒子寧願被懲罰也不願意被放棄。但我沒有想到的是之後的兩個月，兒子會被這82遍課文壓得多沉重。好不容易功課寫完了，想輕鬆一下，我們就會問他：「不是說過每天至少要抄兩課嗎？請你為自己的行為負責，課文抄完了嗎？」不過才七歲的兒子要面對的，是感覺永遠都寫不完的課文。

兩個月後，弟弟真的拚了30多課的課文，小二下學期開始，他在班上的表現穩定不少，因為他真的抄課文抄到怕了。但慢慢地我也發現他變了，下午和家教老師與同學在一起時、回家後都變得陰晴不定而且非常易怒，一點小事就暴怒到家教老師很難處理。

我只好再帶著他去找市立醫院我最信任的翁菁菁醫師聊聊，醫師聽完我轉述他在學校的情況之後，安慰我再撐幾個月就要升中年級換班了，請我稍微和老師溝通一下，然後請弟弟多忍耐，也要我告訴他我懂他的心情。

而說真的，午夜夢迴時，我自己也偷偷掉了不少眼淚。我試著和老師分享醫師的觀察，老師顯得非常訝異，因為她覺得在教室的兒子進步很多。

接下來的處理，雖然一開始我打從心底非常不認同，但事後回想起來，我還是應該要感謝老師。

老師請我做了一個「行為量表」，每個禮拜貼一張在聯絡簿上。上面的五個項目像是「上課認真不玩自己的東西」「老師提醒時不違抗，須立刻遵守」等，只要兒子表現得宜就加一分，一分就可以抵掉一課課文。

兒子迅速開始累積加分，一個月之後，所有課文已經全部扣抵完，甚至比同學累積正分的速度還快！

更讓我驚訝的是，下學期的十位「好兒童」老師居然讓他當選了！弟弟告訴我時是這麼說的：「媽咪，我告訴妳一個妳聽了『應該』很開心的事情，我當選了好兒童唷！」他在陳述的時候，雖然臉上有著笑容，但卻不是我覺得應該要出現的那種得意與驕傲的笑容，反而好像是給了我們一個交代的感覺。

老實說，聽到的當下我的心情真是複雜。最後一個月我聽從醫師的建議，讓他每週去醫院上「人際溝通」的課程，想幫他找個出口；停掉下午的課後學社，改去只要寫完功課就可以看書的「完全沒壓力安親班」，還告訴他們我們不寫考卷、不參加考試、不複習功課，並增加他喜歡的閱讀時間；加上學校的課文壓力算是全部解除，兒子終於慢慢又恢復成我認識的那個孩子，小二也算是平靜地落幕了。

我曾問過他，最後這段時間到底哪件事最讓他覺得有幫助？他回答：「是終於不用再抄課文了。」

雖然我個人非常不喜歡用行為學派的獎懲制，但解鈴還須繫鈴人，還是要謝謝老師最後拿掉了那根稻草，聽說還在全班面前稱讚了兒子的進步（真是有些心虛啊）。

懲罰絕不是教育的一切

曾經看過洪蘭教授的一篇文章，可以為我們家孩子的故事下最後的註解。

文章的標題是《錯誤的處罰會毀了學生》文中提到：「……行為上的犯錯，千百年來『心悅誠服』是改變行為唯一的方式，孔子不是說要循循善誘嗎？當孩子上學只是在想辦法不犯錯時，他不是在學習，他是在應付，他會因此很不快樂……我們固然要教孩子不要犯錯，我們其實更在意如何教他做自己。懲罰會使學生失去最重要的因素——動機，師長們不可不慎。」

身為父母的我們，不可能一輩子都幫孩子披荊斬棘、去除所有障礙、總是安排到最好的環境和老師。但我相信所有的挑戰，總會因為有我們在孩子身邊而能找到出路。只要我們陪著孩子去面對，不放棄並想盡辦法、努力找資源，總是會有雲淡風輕的那一天。

最後附上我們當初寫給小一時的那所小學的信，這封信寄給了校長，卻始終沒有回應。我把人名處理後放在這和大家分享，也許慢了些，但真的希望這樣的故事不要再發生在任何一個孩子身上。

親愛的校長，您好：

我們一直希望有足夠的力量與智慧，可以陪著孩子成長。

這次我們還是很懦弱的選擇逃開了。轉學當然是非常不得已的選擇，但想要轉學的心，其實我們比孩子還要強烈。也許是出於對教育的執著甚至到了有些潔癖的地步，讓我們對於一些不合理的對待，真的是陪著兒子被傷到體無完膚。

我們永遠不會忘記老師在電話裡說的那句：「你們最好是趕快去做些什麼，不然開學時的家長日，其他家長會對你們怎麼樣，我就不知道了！」聽完這句話我們真的是當場傻住，只有愣愣地再確認一次：「老師，你指的是只有我們家小奇嗎？」老師不置可否的回答：「對，就是小奇。」

我們實在沒有辦法了解是什麼樣的深仇大恨，可以讓一群大人去威脅一個七歲的孩子，還有一直這麼努力在配合的我們。只要老師需要晨光媽媽，媽媽再怎麼不方便，都排除萬難的前往；老師說要情緒教育類的課程，媽媽就寫了四頁的教案，並親自上場帶著全班玩遊戲、做美勞；老師說要開會討論兒子的事，我們就想辦法排休假，準備完整的筆記和資料與老師分享；帶著兒子到醫院評估；花昂貴的學費到ＥＱ營上課，真的很想問：「到底我們還應該要做些什麼？」

爸爸在工作百忙之中，硬是挪出一整天陪著兒子戶外教學，放眼望去全班出現爸爸作陪的能有幾個？老師交代的事，我們都盡全力的配合，從不在兒子面前否定任何一句老師說的話。

兒子對同學開玩笑說：「要刷卡才能過去唷！」這樣被老師記一個叉，只要集滿兩個叉就是罰背《弟子規》一篇。數不清多少個早上，我們都是全家一起陪著兒子背《弟子規》，因為不背就會被罰不准下課，這是兒子最怕的處罰。一個學期下來，整本《弟子規》全被老師罰完了。

有一陣子輔導室的老師介入，讓小奇有個地方可以喘口氣，給了他一些鼓勵與信心，他也能比較心平氣和的接受處罰，沒想到班上有家長直接去指責輔導老師，說她「沒有嚇阻到小孩，小孩居然自己說想去輔導室，所以根本沒有幫上忙」，讓老師難過到想申請轉調到體育組。

教育應該是讓孩子能找到改善自己的方法，既然行為有所缺失，輔導室老師的作法讓小奇有個窗口表達情緒、並且自我修正，但老師及某些家長卻把行為不良當作犯罪般惡行來量刑，認為輔導室太溫和，應該轉往訓導處「受罰」。

然後幾位家長還繼續質問老師：「送到訓導處孩子才會怕是沒錯，但是老師，妳能把他放在訓導處多久？」老師接著把這樣的對話丟給我們，告訴我們：

「對啊，訓導處的人也有自己的工作要做，不久他又會送回教室，怎麼辦？」

每一次的電話都讓我們心疼到腦袋一片空白，沒有當下理性的處理，而是不斷的處罰與喝止孩子的偏差行為，然後打電話給家長告狀，請家長回去好好處理，我們真的不懂，到底還可以怎麼處理？

三天兩頭的告狀電話，接到媽媽得開始吃抗焦慮的藥，知道我們的孩子可能有過動的傾向，但我們更知道孩子是敏感而善良的。

老師常常當著全班的面羞辱他，或是「大方地、鉅細靡遺地」和其他家長「分享」兒子所有難以控制的情緒表現，他都聽在心裡，但還是告訴我他喜歡他的學校。這麼好的學校還有我們最愛的生態環境與足球訓練，沒想到最後居然會讓我們這麼的失望。

當媽媽告訴老師，同樣身為老師，不論是被傷害或是傷害人的學生，都應該有基本的隱私保護，這是做老師的基本素養也是對孩子的尊重，沒想到老師卻回答我們：「喔！反正我不說，回去其他孩子也會說啊！」

如果孩子沒有了老師保護的利基，把他曝曬在家長的輿論下，一個七歲的孩子該如何承受？老師的職責應該是要幫助還沒有準備好的孩子，能夠更成熟地面對問題與衝突，而早自習時間常常是讓好幾位家長來間接監督班上的狀況，一直到老師都開始上課還捨不得離開，那麼我們得質疑這樣的非教育專業者給予老師的建言，能有多少實質的幫助。

其實就在剛入學不到數週，竟然聽到老師轉述家長們指指點點地告訴媽媽說，哪個小孩是亞斯伯格症、哪個可能是過動症，我們家小奇應該是高功能自閉症，這些就連專家都需要數年時間判定的特殊需求學生，卻在家長的建言下，全都套上的病名，家長的過度參與，對孩子到底是福還是禍？

所以要轉學的，其實是我們，我們已經對於這樣的班級氛圍感到害怕、焦慮與失望，我們多麼希望有足夠的力量可以陪伴著孩子，在任何環境中都能成長，但漸漸明白我們的力量有多麼的渺小，渺小得沒有辦法改變任何一個急於保護自己孩子或是自己清譽的大人。

教育最後如果只剩下「趨吉避凶」，我們實在很難想像孩子長大後的社會，會變成什麼樣子。

小奇的父母　敬上

實用撇步123

當孩子回家對學校或老師有所抱怨時，我們如何處理？

1. 先判斷孩子的抱怨是情緒化的發洩，還是真的有被不當對待。
2. 注意孩子的生理狀況，是否有睡不好、沒胃口、易怒等狀況出現，或是讓你覺得他和以前非常不一樣。
3. 主動找老師或學校了解狀況，告訴老師你觀察到的狀況並尋求協助。
4. 善用資源，坊間有很多不錯的課程可以幫助孩子，如EQ課、人際訓練課程等，幫孩子配備足夠的資源讓他可以運用，並且能找到適合的方法來解決問題。
5. 不要排斥評估或是心理諮商，陪著孩子面對問題，深度的認識自己，而非鴕鳥心態的等著孩子長大就會好一點。
6. 高壓處理將使孩子更挫折。壓抑帶給孩子的，是對自我的懷疑與自我價值感低落。你只是讓孩子學會「上有政策，下有對策」，而問題將更往孩子的心底壓進去，甚至在未來發酵出事。

7. 轉學雖不是最好的決定，但必要時卻是一種選擇。有聽過一些在公立學校遇到不適任的老師，造成孩子心理的傷害，甚至拒學、憂鬱的例子，如果努力過後仍未果，轉學也許可以給孩子另一片天空。

他們其實都是我們的孩子

故事是這樣發生的，在一個私立小學中年級的家長含老師的Line群組中激烈的在進行討論，因為前老師在毫無預警的情況下，居然在學期中以身體不適為由離開了。

新到任的老師還沒有正式接手，群組裡就開始大肆抨擊班上兩位常常製造紛爭的小男生翔翔和睿睿，家長們認為逼走老師的就是這兩個小男生，也開始分享陸陸續續從孩子那裡聽來關於他們的風風雨雨。

有媽媽說昨天才剛看到翔翔被押到訓導處；有媽媽說孩子回家講翔翔常常上課到一半就走出教室不見了，讓老師得停下課程找人；還有媽媽繪聲繪影地說著睿睿如何常常挑釁翔翔，兩人大打出手還打到老師，讓全班大亂，老師更是不堪其擾；媽媽們都非常擔心自己孩子的受教權會不會大受影響？

翔翔和睿睿頓時成為害群之馬、眾矢之的，而其實翔翔媽媽也在這個群組中，她卻不敢出聲……直到小元媽媽終於忍不住說：「不可否認學校的確管理出問題，老師的確需要更多的資源與支援，但翔翔和睿睿真的是罪魁禍首嗎？」停了幾秒後，有一個人回覆了：「小元媽媽，謝謝妳。」原來是新來的老師表達了謝意。

反觀另一所學校一樣遇到有暴力傾向、過動特質的孩子，發生有同班同學不小心踩到他的腳，卻被要求要到司令台上向他下跪道歉、還曾把科任老師小拇指折斷的事件。

但發生後，家長們了解這個剛從別校轉來的孩子是單親，沒有人力資源可以在現場幫忙，所以就開始大家輪流排假到教室協助這位孩子，學校方面也積極處理、準備，家長團一直撐到學校申請到專任的特教師進駐班上才稍鬆一口氣，後來這位孩子接受了特教與醫療資源的幫助後，穩定的在班上學習著。

真實發生在你我身邊的故事

這些故事，其實至今都不斷地在校園上演著。我們的社會不是每個家庭都能提供孩子最適合的生活環境，所以當然也有家庭失能的孩子出現在生活周遭。

就算是遇到有暴力傾向的孩子，我們其實也能有所選擇。這些孩子甚至家庭如果只是一味地被驅趕，大夥存著趨吉避凶的心態處理，他們能有什麼樣的轉機呢？你是否有想過，等到這些孩子長大之後，他們還是會回到社會，如今種下的因，以後會結出什麼樣的惡果，大家真的有想過嗎？類似鄭捷的這些案例還不夠警示我們嗎？

如果我們能在這些孩子還小、還能改變的時候，多為這些孩子著想些，也許就會少一個發展成反社會性人格的成人，也就能為我們孩子未來的世界注入一些溫暖的力量，不是嗎？很多時候，教育很可能就是這些孩子最後的救生圈了！

我曾經任教的學校裡，也發生過讓我們捏一把冷汗的事。我們帶了三年的自閉兒到了小學後，雖然遇到年輕、用心的老師，但她一開始並沒有重視我們送過去完整的轉銜報告，因為她認為不要給孩子貼標籤，想要自己重新認識他。

這個立意聽起來雖好，但開學沒多久就發生孩子在放學時間走失的意外，全校一起動員花了好幾個小時才找到孩子，也還好這位老師馬上改變作法，積極找我們開會努力亡羊補牢，希望藉著我們這幾年來帶這個孩子的經驗，協助孩子未來能少走些冤枉路。

家有特殊需求兒的苦，我想不是一般家庭可以理解的，但他們需要的從來就不是同情而是同理。說真的，在我們的經驗中，最充滿挑戰的就是有攻擊行為的過動兒或情障生。因為衝突發生，彼此都備受威脅的情況下，真的沒有幾個師長可以理性的處理與判斷，但這不代表我們做不到。

身為教育工作者，必須要自我準備與修練功課，只靠著舊經驗去帶領新世代的孩子絕對是不夠的，沒有人希望一條年輕的生命就這樣流失在我們的手中，也應該以此為惕，重新思考自己是不是有善待每一個孩子。

在之前服務的學校，我曾帶過一個很特別的孩子小明，三歲進來我們學校就有著非常優異的中英文閱讀能力，甚至看到英文指令卡就可以馬上做出正確的動作。但是他口語發展緩慢，除此之外還有過動、自閉的特質，最頭痛的就是他會動手、暴衝，常常在教室遊晃停不下來，當時真的讓帶他的老師心力憔悴。

兩三個月後，我們很認真地思考是否有能力可以帶好他，因此和當時來學校輔導的特教巡迴輔導老師坦承，我們真的想放手請他轉學了，沒想到巡輔老師沉思了一下後告訴我：「園長，我很認真地想過了，但是除了你們，我真的想不出還有更適合這個孩子的地方。」我嘆了口氣再和老師開會，確定我們要更積極的學習，找出帶這個孩子的策略再努力看看！

我兒子和當時的小明同班，有一次他回家後告訴我：「媽咪，如果別人打我，我會生氣，但如果是小明打我，我不會生氣，我會教他！」當時我就非常確定，我們老師已經把融合教育徹底落實在教室中，更覺得真正受惠的反而是班上的一般生而不是特殊需求兒。他們學會了施比受更有福，學會了和不同類型的人相處之道，這些學習相信都會是他們長大後最真實的幫助。

三年後，小明在我們學校畢業了。其中的故事真的是有辛酸有曲折，也遇過其他家長的不諒解，要我們二選一，不是小明走就是他們走；我更記得小明的畢業晚會時，活動主持人在結束前，問大家有沒有什麼話要告訴老師？小明竟然默默地舉起手，很靦腆地指了指帶他三年的老師，緩慢又純真的說：「我要謝謝Nancy老師，因為……因為她保護我！」

我回頭看到那位老師淚如雨下，這三年來的種種像跑馬燈似的在大家的腦海中一一浮現。

教師的工作任重而道遠，除了真的要好好謝謝每位在教育崗位上盡忠職守的老師外，更要自我提醒，有緣和我們相遇、相處的每個孩子都可能因為我們而消沉喪志，或是因為我們找到他的亮點而自信發光。

人生不會只有一條路可以走，一定要記得讓孩子們知道，無論如何總會有一個大人在身後挺你，永遠都相信你可以。

實用撇步123

當班上有特殊需求兒時：

1. 相信不一樣不代表不好或不如你。
2. 讓孩子了解特殊需求兒的限制。
3. 用正向的語言引導孩子進入不同層面的思考。
4. 如果有機會，讓特殊需求兒的家庭感受到接納與歸屬，協助老師營造班級正向的氛圍。

放下自我，正視孩子的真實樣貌

在我幫忙輔導的私人小學課輔班中，有一個令老師很困擾的個案小偉，他寫功課的狀況常常不太好，有時花了一個小時坐在那裡，只有把語詞寫了幾行，然後不斷回老師說：「我就是不想寫了！」甚至開始在教室製造干擾，真的常惹毛老師。

其實小三的小偉單純、熱心、善良，但專心度明顯不足、衝動、愛插話、易分心，相處個兩天就可以感受到他充滿了過動的特質。

有一次剛好遇到爸爸來接，我就開門見山地邀請父母進來聊聊。小偉的爸媽其實相當用心，可惜有些關就是過不去，我只好圍繞著一個重點來談，就是我很心疼這個孩子，我知道有太多時刻師長們高估了他的能力，卻忽略了他必須比其他孩子努力更多倍才能專心的缺陷。

因為沒辦法持續做好每件事情，總讓人以為他老是虎頭蛇尾；因為伶牙俐齒，所以讓大家以為他只是在逃避責任；在高壓和做喜歡的事情時可以呈現高度的專注，遇到繁瑣有難度功課時卻會分心，更容易讓大家以為他是故意的！

我提到這樣下去，相信在班上連人際關係都會出問題時，媽媽的眼神讓我知道我猜對了。就算老師再怎麼努力，但是每天總得高頻率的呼叫他的名字才能喚回他的注意力時，其他孩子真的還能平等的看待他嗎？

接受每個孩子都「與眾不同」

要孩子接納自己的第一步，是父母真的全心全意的愛他，接受他的每個樣子，而不是只有好寶寶、當模範生、考一百分才會為你所愛。那個最真實、最需要、甚至有時是最惹毛你們的那個孩子，如果連你們都不願意了解他真正的需求和脆弱，他又怎麼能接受自己呢？小偉現在正是重要的人格養成期，請他想想老師有多挫折，媽媽有多無奈，爸爸又有多無力這樣的話，我聽到其實一陣心酸。

今天演變成這個局面我相信不是小偉願意的，但大人給予他的到底是幫助還是痛苦的壓力、情緒的勒索呢？大人的不願意面對是否反而讓孩子討厭始終做不到的自己，無法接受真實的自己呢？我真心希望孩子對自己的自我價值是肯定的。說真的，過動症還好處理，如果日後合併反社會性行為出現，那問題可就會更複雜了。

可惜後來經過好幾個月的努力、溝通，爸媽還是不願意帶孩子到醫院接受評估、尋求資源，小偉的狀況明顯的每況愈下，我也漸漸發現造成這樣的結果還有另一個原因，就是學校的老師其實不願意，也或者是不敢、不會處理。

小偉學校的老師是第一年到教學現場，年輕、有教學的熱忱，可惜還不太能掌握和家長溝通的輕重。小偉上學期第一次數學期中考竟然只考54分，這個分數讓我們嚇了一大跳，仔細檢查後，才發現小偉的考卷沒有寫完。

他告訴我們：「因為考試的時候，我就一直舉手問老師我看不懂的題目啊，所以後來就沒時間寫完了。」因為小偉衝動性高，常常沒辦法耐著性子好好看題、解題，所以我們會試著要求他做一個段落之後再一起問問題，至少要自己先學習靜下心來專注的研究、了解題目在問什麼。但這樣的作法若少了大人的堅持就會打回原形，讓他習慣用嘴巴而非頭腦解決問題。

當我看到這個分數時，心想：「這個分數應該會嚇到爸媽了吧？應該會讓他們有所動作，願意走出來面對問題了吧？」可惜我失算了。我觀察了幾天後，忍不住問媽媽有和學校老師討論了嗎？媽媽卻回答我們：「有啊，我們有討論了，老師還安慰我們說沒關係，小偉其實觀念都懂，只是沒寫完而已。」

我大吃一驚，這麼好可以幫助父母面對孩子問題的時機點，為什麼老師會如此輕描淡寫的帶過？為什麼父母也如此沒有警覺，只是急著把傷口蓋過去不看？觀念都懂卻寫不完這不是一個警訊嗎？我真的覺得失望到無話可說。再過兩個月，期末考數學分數出來，果然不出所料，這次考了42分！我心中充滿無奈，也很心疼這個孩子。

到下學期之後，小偉的失控狀況越來越明顯，不但常常口出穢言，故意做出一些舉動讓全班失序，更是每堂課老師必點、必提醒的對象。干擾課程進行的行為不斷，情緒的爆點也越來越多，然而身為課輔班的老師能做的真的很有限，甚至很想壯士斷腕地告訴父母：「就算孩子是在這裡課輔，這也不代表我們就應該完全接受你轉嫁來的壓力。父母有父母的責任，那不是老師可以取代的，當你不願意接受孩子真實的樣貌，只想用高壓或自欺的方式處理時，受苦的真的就是孩子啊！」

對於小偉越來越失序的狀況，爸爸在家是越來越高壓，聽了實在難受。孩子可以有缺陷，但我們給他們的愛與教育不能有缺陷，願天下所有的大人都能成為懂孩子也願意面對問題的那個人，也希望這個故事有一天能有更好的結局。

實用撇步123

1. 當發現孩子需要醫療資源時，我們可以怎麼做？

住家附近、或交通方便的地點是否有適合的評估中心？像是臺北市立聯合醫院就有適合六歲以下兒童做評估的早療評估中心，各大醫院也都有類似的門診可供諮詢。

因日後可能還會需要多次往返，故請將交通便利性也納入考量。當然也可詢問老師、學校，或在網路上請有經驗的家庭推薦。

2. 如果孩子的狀況是邊緣型，可以如何處理？

如果沒有到達領診斷證書的資格，但在生活或學習上卻有出現困擾時，也可以考慮到私人的治療所或心理所。

不論是人際、專注力、學習、心理等問題，現在坊間其實都可以找到適合的資源來幫助孩子，爸媽更可以藉由第三者的角度加深對孩子的認識，給孩子更有效的陪伴。

3. 該如何告訴孩子要帶他去評估或上課？

首先大人自己要先能接納孩子的不同。不同從來就不代表不好，只要能掌握與接受自己的不同，孩子一樣可以有所發揮，並讓大家接納與認同。

爸媽可以告訴孩子：「媽媽覺得有時候你寫功課總是沒辦法專心，做很多事情時，就算你已經很努力，但好像還是很困難、很容易放棄，媽媽也忍不住生氣。所以媽媽想帶你去認識一個醫生，他有很多方法可以幫助你跟媽媽，我們一起去試看看好嗎？」

老師是父母最好的夥伴

這幾天到蒙氏親子教室上課時，心情有些低落，因為小翔媽媽退掉了原本報名的課程，並告訴行政老師她覺得蒙氏教學太壓抑她的孩子。

我聽到後有些沮喪。我以為上次談話後，我可以陪著媽媽開始做出一些改變，讓媽媽了解堅定的界線對三歲的小翔來說是多麼重要，也相信媽媽很快就會看到小翔的改變。但一切都還沒來得及開始就結束了，讓我有些措手不及。

我記得上次上課時，小翔媽媽在我才唸完故事，說完大家再見，就立即上前找我談話。問我這次是第二次上課了，我還是覺得小翔衝動性偏高，可能有專注力的問題嗎？

我只能點點頭告訴媽媽：「嗯，這堂課的狀況還是一樣，每次電話聲響了他就馬上轉移注意力，不斷提醒老師要接電話。

「就算電話聲早已停止，還是得過好一陣子才能回到工作或是我們的故事中。每次我和他一對一的示範，總得停下好幾次來呼喚他的名字，才能讓他從聽到別人倒豆子的聲音、看到前面有興趣的工作中喚回，以三歲多的孩子而言，他的衝動控制與專注力真的有比較慢了些。」

我想媽媽其實已經被這個問題困擾很久了。她提到之前帶小翔去上其他課程時，也發現他總無法和大家坐在一起太久，甚至有時會對團體造成一些干擾。媽媽繼續說著：「翩翩老師，我其實感到好焦慮，我該怎麼辦才好？是不是我們大人也太急了、常常催他才讓他變成這樣？」

我委婉地回答她：「當然先天和後天會交互影響，但就我的觀察，他天生生理上就有些限制，需要媽媽幫他安排更多的運動，甚至到一般孩子的三倍，才能有效降低他的衝動性與分心度；另外，我也忍不住想要提醒媽媽一件事情，就是媽媽和他互動時的態度。」

媽媽忽然緊張了起來，但我覺得這真的不說不行：「媽媽，妳必須成為他堅定的界線，像是剛剛我在示範粉紅塔時，請他坐到我身邊，他又跳又爬，甚至故意坐在地毯上，我重複說了不少次，甚至後來得扶著他的肩膀，才終於讓他就坐；操作過程中，他也不斷出現一些干擾的動作或行為。

「媽媽，這時候的妳，不應該只是坐在旁邊笑出聲，或是說些話替他解圍，讓他有台階下。對他最有幫助的方法是妳要配合我，讓小翔知道教室有教室的規則，團體有團體該遵守的紀律。

「這也會影響到未來他進入幼兒園的人際關係，如果他沒有這樣的意識，老師得在班上不斷呼叫他的名字，我擔心難免會影響到他上學的心情，甚至讓他自我價值感低落。」

媽媽似乎聽懂了我的擔憂。在幼兒園現場工作多年，我聽過太多老師的無奈，家中的大人總覺得，讓孩子想做什麼就做什麼是在培養他的創造力，不設定界線是對孩子的尊重。

他們忘了孩子才幾歲而已，有太多還在發展和學習的地方，未來他們也都無可避免地要進入團體中生活，他得練習服從指令、要學會為他人設想，甚至要學習克制自己的欲望。這些重要的觀念，如果家中的大人都沒有要求時，更可能會加重孩子的衝動性與分心度的。

媽媽還是有些憂心忡忡的說，這樣她大概理解了。我再次告訴媽媽：「這個階段媽媽就是他最重要的管教者，請務必設好界線，當他在外面又不聽使喚時，提醒過後若還不遵守，就請把他帶離活動現場、等他準備好後才能回去，甚至就直接回家了。不用生氣、不帶情緒，但請堅定執行。」

我期待著接下來的幾堂課中，可以幫助媽媽慢慢成為一位有效的管理者，因為放手容易，界線難當啊！但沒想到換來的，卻是幾天後取消所有課程的來電。

我不斷反省著，是不是我太心急了，嚇壞了媽媽？雖然我只是委婉地陳述看到的狀況，但對媽媽而言，這卻可能像是一種審判。就算我釋放出會和媽媽一起努力的訊息，就算媽媽也表達了自己的焦慮和擔心，但我是不是應該多同理、穩定住媽媽，才能真正幫助到孩子？

我親自撥了通電話想和媽媽說明，但媽媽沒有接。我留了言，希望媽媽如果有任何疑慮，歡迎和我聯絡，我們都可以再討論，最後也祝福小翔能平安、健康的長大。

心情雖有些沉重，我依然全心的陪伴著現場的孩子和家長們。小博媽媽在課程結束後留下來跟我聊聊，告訴我她看了我的書《蒙特梭利教養進行式》，也聽懂了我在第一堂課時提醒她和爸爸要設好界線、要教孩子尊重爸媽。

更讓我感動的是，小博媽媽是從桃園開車過來找我上課，她說：「翩翩老師，我原本是不敢開車上高速公路的，但是為了帶孩子來你這裡上課，我克服了這個恐懼，原來也沒這麼可怕。」

為母則強啊，我告訴小博媽媽，看著她擦乾眼淚，說謝謝我願意聽她說，讓她每次回去時又重新充滿力量時，我心裡其實更謝謝她，讓我能保有說實話的勇氣。

要努力的還很多，也知道自己還有很多不足，得要更謙卑的、更同理的說出真話是我要繼續努力的目標。

我不知道還有沒有機會和小翔媽媽說話或碰面，但我真心的想要和她說：「抱歉，我沒能在當下真正接住媽媽的擔憂，而讓媽媽更不舒服了。我絕對尊重媽媽的決定，不論我們是否還有合作的可能，我都希望當初我和妳說的那些話，能有一絲的幫助，真心祝福你們。」

教育的工作任重而道遠，它從來就不是一個會賺大錢、出名的工作，在我們努力耕耘的過程中，也會犯錯、也會有失足的時刻，更遇過不少被質疑、被批評的聲音。

我當然知道我們還有很多不足的地方，需要再精進努力，但我更相信只要我們秉持著教育的良心，堅持做對的事，用愛心說真話，總有一天那些當初不諒解我們的家長會懂的。

實用撇步123

當你對老師有所疑慮時：

1. 如果疑慮是來自於孩子的話語

請盡可能客觀地蒐集資料，千萬不要過於緊張焦慮、用引導式的問話來詢問孩子，因為有時孩子可能會因為不知道怎麼回答你，而順著大人的問話發展劇情。並要讓孩子知道，如果說了不是真的的話語，是會傷害別人、讓大家傷心的。

2. 如果真的蒐集到具體的證據

請理性的找學校及老師溝通，盡可能地釐清事實，而非用討公道的態度處理。如果真的是老師或學校的問題，當然可以要求他們道歉並提出方案來避免下次再發生，孩子也將在這個過程中學習到如何處理不公平的對待。

3. 如果最後發現是孩子的問題時

不需要過度的懲罰威脅，重點是要找出原因，為什麼孩子會說出這樣的故事？並清楚的告訴他，事實最後一定會呈現，而如果你說了假的話，更會影響大家對你的信任，是件得不償失的事情啊！

part
3

家庭篇

作息不正常，專注力也會降低

前一陣子有舊同事希望我能寫一篇有關孩子作息的文章，因為在幼兒園現場工作的她，對於有些家長總放任孩子晚睡晚起，而且祭出千百種理由，實在讓她頭痛不已。

這些千奇百怪的理由包含：「我們家爸爸晚上都比較晚回來，所以小孩要等爸爸才願意去睡覺。」「早上是爸爸幫忙送出門，但爸爸上班不用那麼早，所以小孩就習慣跟著晚睡晚起。」「還有媽媽表示大人都還沒睡，就讓小孩自己去睡覺，不能和我們在一起，好可憐喔，所以就讓小孩跟著大人時間作息吧！」

這樣**幼兒作息「大人化」的結果**，其實會對孩子造成不少影響，以下待我娓娓說來。

在我帶領的蒙氏親子班中，不乏孩子與家長出現作息的困擾。前幾天才有一位媽媽問我，為什麼她兩歲半的兒子這幾次來教室操作總容易分心？然後好像不知道自己可以做什麼，習慣到處遊蕩，或是黏在媽媽的身上。

我稍微問了一下孩子平常的作息，媽媽告訴我兒子是阿嬤在帶，因為阿嬤要看劇，所以都是和阿嬤一起十一點才睡，聽到這我已經有些吃驚，我又接著問：「那請問是幾點起床呢？」媽媽有些不好意思地回答我：「平常大概都是睡到十點、十一點，只有要來這裡上課會早點起床。」我心中馬上出現「真相大白」四個字啊！

平常這個時間都還在睡覺的阿誠，當然很不習慣這時候要清醒，也難怪他會容易分心而且情緒不太穩定了。

國立臺灣師範大學曾在二〇一七年公布台灣版的《幼兒發展調查資料庫》初探研究結果，發現有近六成的三歲小孩，超過晚上十點後才上床睡覺，平均睡眠時間十小時，遠比國外同年齡小孩晚睡、又睡得少。

幼兒作息明顯「大人化」可能連帶影響幼兒的學習發展。隔天早上無精打采不說，晚起可能影響早餐來不及吃或太晚吃，以至於三餐時間混亂；更別說晚睡對孩子生長來說更是相當不利的狀況。有90%生長激素都是在夜間分泌的，因此夜間良好的睡眠對孩子的身高至關重要，尤其是晚上十點到半夜兩點，如果能讓孩子進入睡眠狀態，對孩子長高而言是非常有幫助的。

我們在現場看過許多作息不正常的孩子，專注力也會明顯偏低。尤其是睡不飽的孩子，不但容易分心恍神，更容易情緒不穩，常出現分離焦慮的狀況或易怒、衝動。

良好的作息是孩子學習重要的基石，是需要大人為了孩子而做些改變的，而非總覺得孩子還小，所以讓孩子配合大人的作息。能為孩子的生理著想，做些生活、工作上的改變，才是真正的尊重孩子啊！

像是前面這樣的狀況，我也只能委婉地告訴媽媽，是否可以至少每週兩天，要來參加蒙氏親子課程的前一天晚上九點上床睡覺，並讓他早上七點半左右起床，然後我們觀察看看他是否有所改變，媽媽表示家裡還有一個六個月的寶寶，所以才會讓孩子和阿嬤睡。

我繼續告訴媽媽：「如果阿嬤沒有辦法做調整時，身為孩子的父母就得承擔起教養的責任，畢竟教養從來就不是一件輕鬆簡單的事。如果總是想著讓自己日子好過些，很多後果自然就會跟著出現。隨著孩子年齡逐漸長大，除了保育外，更多家庭教育的責任必須進行，包括孩子的作息、學習的專心度、運動的習慣等，這些都有可能會影響到孩子的身心理發展，這樣的後果實在不是我們所樂見的。」

另外，也有媽媽問過我睡前奶的問題，其實一歲之後只要副食品吃得不錯，奶類食品真的不應該占孩子飲食中太大的比例。如果睡前還需要喝奶，很可能是因為孩子太晚睡，所以又餓了，那還不如試著調整作息，讓孩子早點就寢，早餐更可以因為肚子餓而吃得又快又好。

也有些孩子是心理因素，習慣喝點奶才好睡，而非他真的需要這份營養，甚至可能因為奶喝太多而排擠了正常營養的攝取。更何況睡前奶喝下去，半夜要不尿尿都很難，如果正想幫孩子戒掉晚上包尿布的習慣，也該認真考慮停掉睡前奶，才能讓孩子更順利的和尿布 say goodbye 喔！

實用撇步123

當孩子吵著要喝睡前奶時，我們可以怎麼做呢？

1. 將睡覺時間往前移，不要離晚餐時間太久

當然這也表示你需要縮短午覺的時間，並在調整作息的這一陣子，讓孩子白天多些活動，如果他玩得比較累，晚上也會比較容易就寢。

2. 建立新的儀式

如果你的孩子只是因為習慣喝奶才好睡覺，你會需要一些時間打破舊的模式，建立新的睡前儀式。比如說找幾本適合睡前聽的故事，放一些輕柔的音樂，告訴他因為他已經長大了，所以不用再喝奶睡覺，也讓他的腸胃可以在夜間得到充分的休息。

3. 必要時彈性的處理

如果孩子堅持度太高，可以先從減少奶量，或是改成喝開水等方式，讓孩子有些時間適應。

重點是千萬不要開倒車，如果孩子有一些進步，就要踩好底線，千萬不要因為心軟而破功，這樣會讓適應期拖得更久喔！

當夫妻教養不同調時

我在臉書上收到一位媽媽的求救文：「老師抱歉打擾，我實在很無力所以想請教一下。平時我的二寶很黏我，通常在我身邊都會比較愛耍賴，也許可能我某些地方比較縱容他，但我自認該教的也有教，不是一味的放縱。

「對於他犯的錯，我都希望用說的方式導正，並且限制他的行為，例如要先到某處休息，禁止他做自己的事，但成效可能比較有限，相較於爸爸直接大聲喊罵甚至打他來得快速有效很多，也因此造成夫妻不合，對於教導孩子這方面時常吵架。

「今天晚上二寶耍賴要我一直陪，我想讓他自己哭完發洩就好，結果先生衝過去毒打二寶，當下我只能靜靜在旁不插手，他卻反過來說我為何一直縱容孩子？都不會打罵，所以孩子才會這麼愛哭鬧。

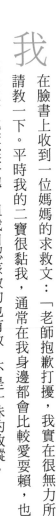

「但我覺得小孩哭是情緒發洩，不是正常的嗎？不能靠過度的打罵而得到立即性的安靜跟聽話吧？還是我的想法錯了嗎？老師，對於先生的攻擊，我到底該怎麼做才對呢？」

教養方式也要因應時代修改

你知道總體而言，夫妻關係最低點會落在什麼時候嗎？通常都是孩子陸續出生的那幾年。

工作、照顧孩子、做家務、照顧原生家庭……因為同時有太多的雜事要去處理，加上雙方的教養觀也隨著孩子出生一一浮現，衝突、爭吵在這幾年實在很難避免，但這也將是孩子配備人際能力的第一步。

他將親身經歷、親眼目睹父母在他面前，幾乎毫不掩飾的演出感情戲及衝突的處理。如果父母能示範如何好好的生氣、有目標的吵架，並在孩子面前重歸於好，將會是孩子日後很重要的人生養分。

夫妻的衝突，常常只是因為期待著一種被對待的熟悉感。這種熟悉感很可能是對方原生家庭處理衝突的模式，或是原生家庭教養一貫的作風。

先撇開對孩子負面的影響不談，夫妻不同調時，這份理解必須先放在心裡，才有可能讓對方感受到尊重，也才有可能再來因著孩子、因著世代的不同做出理性的調整。

有不少爸爸從小就是被打罵長大的，所以可以想見當兒子不聽話時（特別是兒子），他們腦中第一個浮出的方式，就是「打下去、打到乖、打到會怕」就對了。體罰小孩對他們而言，只是一種來自原生家庭的直覺性反應，但對於媽媽們來說，一方面保護孩子是媽媽的天性，另一方面不可諱言的，大部分的媽媽比較願意做功課、努力接受新知，為了孩子試著改變自己舊有的教養模式。這時如果爸爸沒有意識到這個差異，的確很容易發生衝突，讓婚姻觸礁。

別讓怒氣造成孩子的創傷

換個角度、以孩子的觀點來說，他們其實很容易因為看到爸媽不理性的衝突而形成偏見，潛意識的認為「都是我不好」。

就算今天媽媽是因為爸爸動手傷害了孩子而和先生大吵，在孩子的心底也會很自然地覺得一定是自己不乖，才會造成爸媽吵架。如果希望讓這樣的傷害降到最低，切記一定要讓孩子體會到你們正在用語言解決問題、溝通並達成共識，告訴孩子：「我們剛剛比較大聲，是正在討論這件事情，『跟你沒有關係』，你不用負我們情緒的責任。」

千萬不要說出：「還不都是因為你，我才會和爸爸吵架！」這樣的話對孩子來說非常有殺傷力，甚至可能影響到他未來的情感經營與人際關係。

當夫妻爭吵時，對孩子而言最不好的處理還有兩種，就是叫孩子「選邊站」或是要孩子當「和事佬」。在孩子的成長過程中，比較健康的狀態是他會從爸爸、媽媽兩邊各學習到一些特質，而成為一位比較有彈性、成熟的人，如果成長過程中常常在聽一方講另一方的壞話，或是灌輸一些比較偏激的觀念，常常容易僵化了孩子的思考，排除了另一邊父母的特質，這對孩子而言絕不是好事。

另外，如果常常要孩子扮演和事佬，爸媽得要靠孩子來維持夫妻關係，其實是把孩子拉進了夫妻的三角關係中，無法分化的結果也會使得孩子得背負著罪惡感成長，造成未來面臨各種選擇時的障礙，不敢離開父母而獨立長大，甚至衍生出很多心理的問題。

我們永遠不可能將另一半變成跟自己一模一樣，或是要求他完全依照自己的

心意來處理教養問題。當初走進婚姻，不就也是因為欣賞他有和自己不一樣的特質嗎？

當教養不同調時，如何接納另一半的論點、一起討論出一個彼此都能接受的方法，才是身為父母的我們送給孩子最棒的禮物。

文初的來信中，我能理解媽媽看到孩子被爸爸體罰時的心碎與無助，也能看到爸爸對於媽媽不設教養界線的心急與無奈。我相信夫妻的出發點都是為了孩子好，我也可以感受到爸爸並沒有放棄，而且想要在孩子教養上出一份心力的努力，以及媽媽不斷在修正教養方式、尋求協助的認真。

但當彼此無法看到對方的擔心與好意時，婚姻的衝突就會一再的發生，而最終受傷的，肯定就是我們的孩子。如果能讓夫妻雙方的不同在孩子的身上合一，相信那將是孩子最大的福分！

世界上最難的工作，就是和另一半一起好好的攜手把孩子帶大。教養觀當然可以不同調，但如果可以真正看懂孩子的需要、欣賞另一半的努力、理解彼此的差異，然後理性的溝通討論出彼此的觀點與地雷何在，我相信孩子將會從自己的原生家庭中長出雙倍以上的能量，更從容、彈性的去面對他的未來。

更別忘了，你的另一半才是會和你牽手走到最後的那個人。這就像買了兩張門票進到叫做「家庭」的遊樂園。你們將一起經歷刺激驚險的雲霄飛車，也可能會一起玩著令你頭暈目眩的咖啡杯，當然也可能是在草地上開心的野餐、遊戲，不論在遊樂園的日子你喜歡或不喜歡，最後你們終將手牽著手走出樂園，結束那段為人父母的生活。

那段生活可能不是每分每秒都讓你愉快喜悅，但它將豐富你的人生、擴展你的生命經驗，讓你成為一個更好、更完整的人。

實用撇步123

當夫妻在教養孩子時發生衝突：

1. 千萬不要在孩子面前批評對方

如果你還希望另一半能共同參與孩子的教養，分擔教養的重任，千萬不要在孩子面前讓對方難看。心中所有的批評、抱怨，都請關起房門再討論。

2. 當雙方都在情緒上，隨時容易失控時

請喊暫停、先離開現場，並善用通訊軟體。有時用書寫的方式比較能說出自己的擔心與論點，同時可以避免情緒化的發洩，才有可能讓對方聽到你想說的重點。

3. 不小心在孩子面前爭吵了

記得事後要還原全貌，讓孩子了解也許爸媽是因為你該不該補英文而大聲討論，但這絕不是你有什麼問題，只是我和爸爸的想法不一樣，和你一點關係都沒有。

如果可以，也請在孩子面前和好，孩子才能真正感到安心。

4. 無論如何，請努力看到對方的用心

沒有一個父母不希望自己的孩子能好好長大，只是很多錯綜複雜的因素，讓彼此對孩子有不同的要求和對待。

大人們一定要先彼此好好的了解，開誠布公的理性討論，才有可能讓教養的不同調，對孩子產生更多的助益而非阻力。

「兒童」的叛逆期，事出有因

我記得我們家兒子在小三時，曾讓我覺得他是不是進入到了「兒童叛逆期」。平日好的時候很好，但一有雞毛蒜皮的事不如他的意，就會完全卡住過不去，亂鬧情緒、發脾氣，拗到大人都快抓狂，身邊的人都倒楣。

一枝鉛筆引發的杏仁核大亂

記得有一次，我只是幫他從鉛筆盒拿出一枝鉛筆，他就情緒失控了：「妳為什麼沒有經過我同意就去亂翻我的鉛筆盒？」

剛開始我還耐著性子解釋：「媽媽沒有要翻你的鉛筆盒，只是幫你拿筆出來，讓你可以趕快改完這個字。」

但我看到兒子的杏仁核張牙裂嘴、無法無天的控制著他，讓他完全沒有辦法聽進我說的任何一個字，繼續對著我鬼吼鬼叫，最後連我的杏仁核也開始啟動了，非常情緒化的對他說：「不聽話就不要當我們家小孩，去當流浪漢好了！」

這時兒子忽然態度轉變，開始用有些不可置信的聲音說著：「媽媽妳都騙我，妳都在騙我！」

我疑惑地問他：「媽媽哪裡有騙你，你在說什麼啊？」

兒子居然有些哽咽地說：「妳在卡片上說會永遠愛我的，妳都在騙我，不信我去拿卡片給妳看。」說完，他真的起身要去抽屜拿卡片出來。

我好像聽到自己腦中杏仁核「剎！」的瞬間關閉，前額葉開始啟動的聲音，意識到他在說這些話時的脆弱與需要，所以我吸了口氣告訴他：「好啦！我剛剛說『流浪漢』的那句話我願意收回，媽媽當然還是會養你的啦！但我要告訴你，真的是有小孩被丟在路邊變成孤兒的唷，像是一些天生有殘疾的孩子，例如唇顎裂啊，有少數的父母不知該怎麼處理，真的讓孩子變成了流浪漢（還在努力合理化中）……」然後我看到兒子露出放心的笑容，鉛筆盒的事好像就這麼過去了，兒子開始問我什麼是唇顎裂……

處理孩子的情緒，真的是非常、非常挑戰父母的工作。如果孩子的氣質又是堅持度高、反應強度強再加上敏感度高時，我相信再有修養、或讀再多理論的大人也是會忍不住被激怒或是失控。這時候我就會努力提醒自己：「不要讓大人的杏仁核去壓制小孩的杏仁核。」

孩子的行為就算當下因被打、被處罰或高壓的處理而壓抑住了，但絕對會有後遺症。如果只看到眼前事件平息以為就處理好了，而忽略了後續的修復與引導，孩子很可能永遠沒辦法使用「前額葉」去好好處理自己的情緒與行為，學到的只是「以暴制暴」。等到孩子長大，大人的杏仁核再也壓制不了他也逐漸長大的杏仁核時，後果就不堪設想了；甚至等到孩子有能力步出家門時，也很可能就會永遠失去這個孩子。

兒童的發展階段

尤其如果你對兒童發展稍微有了解，就會知道發展心理學家尚．皮亞傑曾將兒童的道德發展分為三階段：

＊零到四歲的「無律期」

不懂規則、沒有價值判斷，對於物品還沒有清楚的所有權觀念，因此我們不會用道德好壞來評價這個時期的孩子。

＊六到八歲的「他律期」

開始會遵守外部的規定，但容易非黑即白的判斷對錯。而在柯爾柏格道德發展的三期六段論中，他也提到九歲以下的孩子是在道德前規期，他們之所以遵守規則通常是「避罰服從取向」以及「相對功利取向」，認為只要不被懲罰的就是好的行為，只要能得到稱讚或利益的，就該去做。

＊九歲後的「自律期」

兩位學者同時都提到九歲後，孩子會開始進入另一個階段。

皮亞傑認為孩子將進入「自律期」，開始發展抽象思考與邏輯能力。當思考能力提升，孩子便會開始對於倫理、正義等都有不同的思辨，可以對於行為與意圖與結果有比較好的推斷能力；加上口語能力大幅增加，孩子與父母間的衝突便容易激增，因此不少家長都會感受到中年級和低年級之間的差異了。事實上是因為孩子正在發展自我意識，這是他們成長過程中很自然的一段旅程。

有一天睡前，我抱著兒子躺在床上，告訴他：「媽媽看過一部電影，是主角要很危險的進行一個拆除炸彈的任務，有兩條線一紅一黑，只要剪錯了炸彈就會爆炸，但剪對了就能拆彈成功，保護大家的安危。

「媽媽覺得最近的你像一個小炸彈，隨時都有可能爆炸，所以媽媽要當拆彈專家。但有時媽媽可能也氣到亂剪一通，所以希望你可以告訴我到底要剪哪一條才是對的，免得你一爆炸，大家都被炸得七葷八素的。

「又或者你可以自己拆彈，讓大家可以平安的生活，好嗎？不然媽媽就要叫你『小炸彈』囉！」

兒子笑了起來，說他才不要叫小炸彈呢，只希望他的這段叛逆期能趕快過去，重新恢復以前那個平穩的樣子啊。

我始終相信沒有孩子會故意惹我們生氣，會出現這些行為一定有他背後的原因。我們讀那麼多書，這麼用心的愛他們、照顧他們，相信一定可以用我們的敏感度找出問題的癥結、對症下藥的處理。過程也許很漫長難熬，一次又一次的挑戰著我們的極限，但我相信這關過了，孩子和我們都會獲得新的勇氣與智慧。

實用撇步123

當孩子開始哭鬧起番時，我們可以怎麼做？

1. 請先處理情緒

一個擁抱、一句我知道了，都能讓孩子的情緒瞬間冷卻下來。

2. 千萬不要急著說教或判案

再多的大道理，孩子聽不進去時都是白說。

3. 了解與覺察自己的地雷

身為父母最重要的工作之一就是自我覺察。為什麼你這麼生氣？你在擔心什麼？這責任是你的還是孩子的？當你習慣性地先問自己這些問題時，就可以更理性的陪伴孩子、處理行為了。

孩子說謊時，先保持沉默和冷靜

在教養孩子的過程中，你有沒有被孩子欺騙過？又或者你有沒有想過當發現你被孩子欺騙時，到底該怎麼反應和處理才是比較好的呢？

有一天好友忽然打電話給我，告訴我她高年級的女兒小真居然沒有去補習班上課。原因是補習前和朋友跑去一家餐廳吃飯時，忽然發現有個明星也在包廂內用餐，朋友就拉著她想在餐廳等到那位明星出來。小真一直想走卻走不了，最後錯過了補習時間，也沒看到明星。

而且她最後還坐公車趕回補習班，鎮定的上了在外面等候的媽媽的車，因為遲到了十幾分鐘才上車，所以好友在車上就唸了孩子幾句，孩子一句話都沒吭，一直到晚上睡覺前，才告訴她實話。

「這該怎麼辦呢？」好友問我，「我該嚴厲的斥責她欺騙我嗎？但是罵完之後怎麼確保她下次不再犯？或是反而以後更會遮掩，不讓我知道呢？」

我問她當下聽到時有沒有太誇張的處理？她說還好之前和我聊過，知道如果覺得自己還沒有安頓好，先裝冷靜、鎮定就準沒錯！

我笑著說她是乖學生，因為在這個時候如果痛罵孩子一頓，只表明了一件事，就是「你也很緊張」，甚至有些驚慌失措才會亂了分寸。

高年級的孩子，尤其是女生，已經漸漸進入青春期的狀態，因此會需要一些成長型的冒險。完全禁止絕對是危險的，那只會更引誘他們想要嘗試。有一點例外其實不是壞事，只是教養到底該如何拿捏，真的是不斷挑戰我們的智慧。

理智、冷靜！別把自己變成了審判長

這些前青春期的孩子需要更多的空間和時間，有時甚至可能會做些你不盡滿意的事。比如從小你就不讓他吃冰，但當他們漸漸越來越獨立時，很可能就會冷不防的在你不在的地方，偷偷買一根冰棒來享受一番。

這時你如果不小心發現，謹記保持沉默或是幽默以對，這樣絕對會比叨唸來得有效果。

你要說的這些大道理，他們早已倒背如流，與其說是講給他們聽的，倒不如說是你講了讓自己安心的成分比較大吧！這種時刻大人更是要理性、冷靜，才有可能讓他們進入反思，而不是只想著如何回擊或下次要藏得更好。

當孩子向你坦白他欺騙了你時，記得保持理性冷靜，不要太多反應，只需要問他：「我很好奇為什麼現在你會想要說出實話？」這樣就夠了。

不論他回應你的是什麼，至少你讓他感受到的是接納，而不是高漲的情緒。肯定他願意和你說真話的勇氣，這可以確保下次他還敢和你吐露真話，畢竟我們都不會希望自己是最後那個知道真相的人。

也請記得讓孩子可以「安全的道歉」，不要每次他道歉完你又刁難的說：「好，那你說你錯在哪裡?!所以你保證下次不再犯嗎？你上次也這樣說啊！我早就告訴你……」

如果孩子在兒童階段對你有足夠的信任與安全感，青少年的他就會擁有衝突後修復的能力。

理性判斷「我的孩子不會說謊」

如果學前階段孩子出現不說真話的狀況，也請務必幫助孩子釐清真相。

曾有同事和我分享她帶的幼幼班小女生，在開學沒多久就回去和媽媽說老師打她的臉，媽媽私下委婉地來詢問老師，所以同事隔天又再溫柔的問孩子：「老師有打妳的臉嗎？」

沒想到小女生依舊可愛的回答老師：「有喔，老師有打我的臉。」老師又繼續詢問：「那是在哪裡打妳的臉呢？」小女生繼續毫無猶豫地說：「就是老師來我家打我的臉啊！」

但我的同事根本沒去過小女孩家裡，當老師轉述給媽媽聽的時候，媽媽又問了：「會不會是老師不小心揮到她，讓她誤會了呢？」結果小女生的故事又開發出新的版本，這次她告訴媽媽：「老師是幫我洗臉時，打到我的臉的。」

但事實上，老師根本也沒幫小女孩洗過臉，同事實在覺得傷腦筋，這個伶牙俐齒的小女生實在太懂得大人的弱點，讓老師得不斷為自己說明辯解，這樣很容易讓家長放錯了焦點，更使得家長對學校與老師的信心打折扣啊！

在學齡前階段，建議爸媽千萬不要不小心被孩子的想像力誤導了，更不要總

用引導式的問句，讓孩子的故事可以無限發展。

請記得要提醒孩子，當他說出不是真的的故事時，是會傷害到老師、同學或是其他身邊的人，聽過很多大人曾說：「我相信我的孩子不會說謊。」卻忘了孩子其實正在長大，難免會犯錯、難免會想要試踩底線，這都是他們發展過程中很正常的現象。

也正因如此，我們應該「以事實為根基」，理性的去判斷發生的事，而非一味的覺得要選擇相信自己的孩子。這才是親子互信的根源，也是在處理孩子行為時應該要注意的準則。

父母對孩子管教最高的影響力，將在小學結束後告一個段落。對於孩子的自主管理、生活態度、社會化等影響也都將在小學階段達到最高峰。進入國中之後，孩子的生理、心理都將急遽的轉變，請調適好心態，接納他們多變的情緒與古怪的脾氣。

實用撇步123

當你發現自己被孩子欺騙時：

1.不要情緒化的反應，盡可能保持理性，用孩子聽得懂的方式再次向他詢問關鍵處。

2.不要讓孩子感到害怕，而得編出更大的謊言來逃避。

3.永遠給孩子機會，但也該讓孩子嘗到自然後果。比如小學生如果和爸媽約定好不帶手機上學卻違反規定，可以要求他接下來爸媽都有權利隨時檢查他的書包，畢竟他違反了約定，這就是他該承擔的後果。

4.讓孩子知道說真話永遠會比欺騙來得輕鬆。但鼓勵孩子有說真話的勇氣，就表示大人也要有聽真話的肚量。

讀懂孩子的心

在我曾經服務的小學課輔班上有一位小亞斯，有一天因為同學覺得好玩，對他做出一個「出拳」的動作後，小亞斯大崩潰，順手就拿起同學的鉛筆盒砸過去（輕滑過沒受傷），之後自己躺在地上半小時不准任何人接近他，甚至還揚言要「報復」回去。

等到他冷靜之後，我把他帶開、單獨談談，我輕柔平穩地告訴他，同學那個舉動就和他平常走回課輔班路上，「覺得好玩」擋住人家的路、故意拉人家書包是一樣的意思，同學並沒有要讓你受傷，真的就只是好玩。

他瞪大了眼睛，給我了一個「恍然大悟」的表情，才發現自己反應過度了，然後真的很有誠意地要去道歉，當他站起來要去向同學道歉時，忽然回頭輕聲告訴我：「妳陪我去嘛！」（亞斯的優點就是他們不會說謊，永遠都會把內心的

OS講出來讓你知道！）

這算是一場鬧劇嗎？但當下在處理的老師可真是累壞了，全班也都傻眼了，可是如果不了解亞斯兒或自閉兒的邏輯脈絡，這些孩子真的很難在團體中自處。就算我們已經努力翻譯他的訊息給大家了解，他卻還是常常難逃被大家作弄、排擠的命運。

特殊需求兒的訊息也許是因為我了解他們的特質，有時比較好猜，但其實我們身邊的每個孩子都可能有著他說不出口的雷點、敏感處甚至故事，需要我們用心地去讀懂背後的涵義。

另一位班上的小女生也是出了名的難搞。她不是什麼特殊需求的孩子，相反的，她聰明伶俐，功課都可以維持不錯的水準；但當她叛逆起來，真的是會讓大人抓狂，不斷挑釁著大人的極限。

把功課從書包拿出來時，她是一本接一本的摔在地上，我過去提醒她不要這樣做時，她若無其事的直接回我：「我就是想用丟的。」當新來的老師提醒她吃飯要坐好時，她故意撇過頭去和旁邊的同學說：「反正我對她沒興趣。」更別說有一次圍爐活動，班上發通知單邀請家長一起來參與，老師才一轉身就發現通知單被揉成一團丟在垃圾桶中。

老師們總耐著性子陪伴和等待，因為我們知道發生在小女孩身上的故事：她的媽媽曾直接告訴她多次：「我根本就不想生出妳，因為小孩很煩、很吵。」而且這樣的對話還是她自己告訴我們的。

雖然她說這些的時候神情自若，但還是掩蓋不了她內在受傷的事實。她用這麼強烈的方式防禦與反擊惹惱大人，大人有時也會很想直接對她破口大罵或是轉頭放棄，只是每每我想起她看似不以為意地說出：「我媽從來沒幫我洗過澡、陪我玩，她一回家就是一直看她的電腦。她很兇，我都不敢吵她。」這樣的話時，都是打從心底的心疼，也就更努力地想要用愛來透視那些防備後脆弱的她。當她有正向的表現時，好好肯定她，告訴她我看到了，也很欣賞她的這些努力。

小女孩後來和我有著很好的默契，當我宣布晚點有設計活動，要帶孩子們上課時，她總是認真地寫完作業，趕緊跑來找我；有一天當我陪著她操作數學教具時，她邊做邊告訴我：「我以後長大要研究數學。」我聽到時內心真有著無與倫比的感動，那可是多少個月來，我不斷請她發揮她的天賦，常常擔任我的數學小老師，肯定她用心解題、認真參與的結果啊！

我希望透過這些陪伴可以讓她了解，媽媽可以生了妳而不愛妳，但妳千萬不可以不愛自己，因為每個生命都是如此的獨特和美好啊！

揉爛的通知單背後的故事，是因為她知道家裡不會有人來，甚至沒有人會認真看待這張通知單，所以就這樣丟進了垃圾桶。但我相信揉進的不只是她未開口的邀請，更是長久以來對爸媽的盼望。

也慶幸著因著我們對她的了解和體諒，沒有對她破口大罵、失望批評，只是默默地撿起來交給來接她的阿公，也告訴她不是每個孩子的家人都會來參加活動，我們都在，我們也都會陪著妳。

蒙特梭利女士曾說：「兒童心靈上的許多烙印，都是大人無意間烙下的。」身為老師的我們也許無法抹去那些烙印，但我們始終會努力，用最柔軟的心與最堅定的信念相信孩子、跟隨孩子，讓孩子長出可以愛自己的力量。

說不出，或是不會用語言表達的，也請你好好讀懂

而在學齡前的親子教室裡，同樣的故事其實也在上演。

有一天我在聊天時告訴石媽：「其實小石去上學不會有什麼分離焦慮的，他只會回家的時候壞脾氣，因為在外面他是不會表露情緒的。」

石媽抓著我的手，眼眶有些泛淚的說：「翩翩老師，您真的完全說進我心坎裡了！您怎麼知道小石就是這樣，真的好慶幸有來找您！」

孩子當然沒跟我說過什麼，只是當我邊工作邊問他：「媽媽帶你去看了幼兒園，還好嗎？」他看都沒看我就回答說：「昨天我們去找奶奶，和奶奶吃飯，還看了多多龍喔！」

在我示範完工作，轉身陪別的孩子時，他在我背後默默的把玻璃杯裡的綠豆倒得整個托盤上都是，然後還放回了櫃子，我發現時沒有多說什麼，甚至連呼喚他的名字都沒有，只是安靜的收拾好綠豆，讓一切恢復原狀。

我看著他飄忽的眼神，那股他表達不出來的不安，不用語言，我都懂。

多年的教育生涯中，最讓我擔憂的就是這群說不出來的孩子，他們調皮的舉動常被大人誤解是難搞，他們莫名的堅持卻被說成是挑釁。只有當你可以看穿他們的靈魂時，你才會知道大人對他們的誤解有多深。那些以愛之名強壓式的教養，打壞了多少他們的自尊。

他們需要的其實不多，充其量只是一個真正懂他們的大人，讀懂他們刻意的調皮，理解他們說不出的抗議。這些不同的靈魂是上天派來豐富我們的人生，創造不同的世界的，我只願每個不安的靈魂，都有真正被讀懂的那一天。

實用撇步123

如何處理孩子的偏差行為：

1. 請先告訴自己「事出必有因」

沒有一個孩子會故意惹你生氣，你願意先放下情緒找出答案嗎？

2. 先了解後天可能的原因

要改變孩子的行為之前，我們必須先改變大人對待他的態度。孩子尚小，會有這些負面行為出現，大都是環境、大人等原因所致。唯有找出源頭，耐心陪伴處理，才有改變孩子的可能。

3. 當其他教養問題都排除後，孩子仍不斷出現負面行為時

可試著了解是不是生理上的限制？比如注意力不足、情緒發展障礙等，如果是生理上先天的限制，不要逃避醫療能帶來的幫助。

接住孩子的脆弱

三歲小女生小晴的媽媽在蒙氏親子課下課後來找我，她說小晴吃飯有些狀況，不知道該怎麼處理，想要問看看我的意見。

小晴剛滿三歲兩個月，是個體型偏小、但活動力挺旺盛的小女孩。媽媽說她的睡眠需求很低，但作息很規律，都是晚上八點就上床睡覺，睡滿十一個小時就會起床，不太需要午休。

我聽起來睡眠的部分應該不是問題，所以又繼續問她吃飯時間到底為什麼讓媽媽這麼困擾？媽媽表示小晴很容易分心，常沒吃幾口飯就開始玩，這兩週媽媽試著在提醒後把飯給收走，沒想到小晴崩潰大哭，求媽媽把飯還給她，然後真的邊掉淚、邊硬把飯塞完。

媽媽看了有些心疼，但沒幾次她又故態復萌，開始邊吃邊玩，只是一提到要收飯，她又開始哭天喊地要媽媽不要拿走，媽媽實在不知道該怎麼辦！

我告訴媽媽：「小晴媽媽，聽起來你要先處理的不是吃飯問題，而是情緒問題，尤其是媽媽你自己的情緒。你在處理小晴的狀況時，是否有讓她明白你把她的飯收走，不是因為要處罰她或是生氣她，而是因為吃太久對口腔健康不好，更會影響到其他的作息時間？更重要的是就算媽媽把飯收走了，也不代表就不愛她了，只是要幫助她可以更專注地完成吃飯這件事。我想小晴有些混淆了。」

媽媽聽完，認真地點頭告訴我：「因為爸爸常常要出差不在家，所以小晴基本上都是我自己一個人帶大的，她的情緒的確和我非常緊密相關，我的情緒也的確很容易被她帶起來。」

我也提醒媽媽：「如果可以的話，是否可以幫忙小晴擴大她的生活圈，多建立一些可以代替你照顧她的後援部隊？如此一來也可以幫助減緩日後上幼兒園時的分離焦慮，當然也可以讓媽媽相對輕鬆一些，和小晴相處時的情緒也不會太緊繃。」媽媽謝謝我的建議，並表示回家會試看看。

大人的氣話，別以為孩子聽不懂

小晴的狀況讓我想起我們家老二，他也是屬於高敏感型的孩子，我記得約莫是雙胞胎哥哥們中班的年紀吧，有一次我們一起到百貨公司的美食街用餐，用餐期間弟弟因為一些事讓我非常生氣，氣到我抱著妹妹站起來，告訴他我不想理他了，請他自己和爸爸、哥哥繼續吃吧！然後我就起身離開。

沒想到堅持度很高的弟弟也站了起來，硬要跟在我身後，我故意快步走在美食街繞圈子，他從頭到尾也不死心地跟著我，一圈又一圈地走著。

我也記得小學低年級時的他，有一回寫功課時和我發生爭執，我一時說氣話告訴他：「如果每次你都要這樣頂嘴不聽話，那媽媽乾脆以後把你送到寄宿學校，免得我們一直吵架！」那時他忽然臉色大變，不可置信的告訴我：「媽咪，妳不是說會永遠愛我嗎？妳還寫在送我的生日卡片裡啊，不信我去拿給妳看。」讓我當下趕緊向他道歉，因為知道他真的會把氣話往心裡放。

還有一次高年級的期中考老二放學時沉著臉很不開心，後來邊生氣邊帶些憤怒的告訴我：「媽媽，數學應用題一題四分，我不可能有一百了！」我沒聽懂他這麼生氣是為了什麼，所以又繼續問他：「為什麼這麼說呢？」

他上了車接著帶著沮喪的口氣說：「我這麼認真的想要考好，我每一題都一邊寫一邊重新驗算，連選擇題都是每個選項都檢查，確定對了再做下一題，結果鐘聲響的時候，我最後一題居然寫不完！怎麼會這樣，而且是應用題耶！一次扣四分耶！我不可能有一百分了！」

我邊開車邊問他：「為什麼你這麼想考到一百分呢？」弟弟說：「因為媽媽妳說希望我可以考看看九十五分以上啊！」

我嚇了一跳，因為我都忘了自己曾經這麼說過，所以趕快修正：「弟弟，其實你有認真準備考試才是重點，媽媽看到你這麼認真才是重要的！小六能有九十分媽媽就已經覺得很厲害了，真的！」

晚上洗完澡要睡覺前，他把我叫進去房間，告訴我：「媽媽，我那時實在太生氣了，所以我就用力抓傷自己的大腿，把腿抓成一條一條的。」我聽了嚇一大跳，叫他給我看看，他拉起褲管，房間燈光昏暗我看不清楚，不過看起來應該已經消退了。

我抱抱他告訴他：「一百分其實是需要很多很多的好運的，就像上次你們足球比賽拿冠軍一樣，是因為你們有足夠的好運，你也知道很多時候就算輸球，也不代表你們就是不好的球隊，對不對？」那時個頭已經到我下巴的他又抱著我點點頭，做媽媽的其實很心疼他這樣對待自己。

他上床後又喚我過去想跟我抱抱，我躺在他的身邊緊緊抱著他，他也緊緊抱著我，我在他耳朵旁說著：「弟弟，以後不論如何，都要答應媽媽，再怎麼生氣都不可以傷害自己，尤其是為了成績，不要讓媽媽這麼擔心你，好嗎？」他默默點點頭，又把我抱得更緊了。

從小弟弟就很愛惜自己的東西，很清楚自己的目標，是個自主性很高、情緒也較敏感的孩子，他想做好的事，真的都會全力以赴的去做，所以我很少在這方面責備他。

但作為媽媽，也許我還是不自覺流露出一些不必要的壓力和情緒，我反省著自己有沒有讓他知道：無論如何，媽媽都愛你、接納你的一切，包括不好的那個你，而你也要這樣自我接納、照顧好自己呢？

適度的緊張焦慮與自我期許當然可以幫助我們好好發揮潛能，但當達不到我們預期的目標時，也不該因此而否定自己曾經的努力。我期待孩子們在全力以赴之後，能坦然的面對無法預期的失敗，接納不夠完美的自己。

畢竟人生從來就不是完美的，媽媽們也別忘了提醒自己，不要過度聚焦在孩子的缺點，卻忘了告訴他們：雖然你們並非完美，但在媽媽的眼中，你已經是夠好的孩子了。

對於情緒敏感度高的孩子而言，人與事分開處理的分辨不但重要，也能讓他們更能懂得和挫折相處，肯定自己的努力。

實用撇步123

當你要把孩子的玩具或3C產品收走，孩子卻開始大爆走時：

1. 請記得要事先預告，給孩子緩衝的時間

若是低年級以上的孩子，你甚至可以和他們討論出一個彼此都同意的時間點。千萬不要從孩子的手中搶走玩具／3C產品，這將非常容易引爆孩子的情緒，最後變成要處理情緒失控的問題，而不是玩具／3C產品的問題了。

2. 說到做到

時間到了請立即提醒暫停手上的活動，如果仍在拖拉，請採取緊迫盯人的方式處理。不要只是嘴裡唸個兩句又去忙別的事情，讓孩子又賺到多玩一下的時間，更讓他覺得你不是一位說到做到的大人。

3. 就事論事的處理

不翻舊帳、不牽扯進其他的事件以免模糊焦點，更會讓事情複雜化。同理情緒不代表認同行為。允許孩子在合理的情況下適度的發洩，不因孩子的情緒而動搖該有的標準。

幫孩子準備好後援部隊

你有沒有曾經在教養孩子時感到無力沮喪過？可能是不斷接到老師告狀的電話，可能是另一半體罰孩子讓你手足無措，又或者是孩子不肯上學讓你左右難為，甚至發現孩子交了壞朋友，開始變得很不一樣……

教養孩子的過程中，如果單靠我們自己的力量，真的是會讓人心力憔悴，常有無語問蒼天之感，所以我很認同同村共養的概念。

我們家孩子從學齡前就積極地建立互助教養圈，和一起踢足球、念同一所幼兒園的家長們形成了彼此的應援團，幾乎每個月都一起出去露營、分享甘苦，更別說每週孩子的足球課時間，更是彼此談心、聊天的好時機。

這些都是學齡前、甚至小學階段，對父母及孩子來說最有效的後援部隊。

不要拒絕專業的協助

但隨著孩子年紀增長，除了這群志同道合的夥伴外，也需要尋求與安排專業的援助。

我經常去家附近的一間洗髮店洗頭，他們知道我是老師，所以有時會和我聊一些客人的故事，或是詢問我這樣的狀況到底怎麼處理比較好，透過她們的故事分享，常讓我看到自己比較不常接觸的社會另一面。

記得有一次設計師Olivia和我聊到一個有個念國中孩子的外籍媽媽，看似家裡都很正常，孩子最近卻開始會翹課，甚至有一次兩天一夜沒有回家，媽媽去報警才發現孩子是在同學家過夜。

最近孩子又屢犯，常在外面遊蕩不回家，讓媽媽傷腦筋不已，不知道該怎麼辦才好。我聽了這個狀況，心裡其實就有底了，這個家庭的親子溝通肯定出了問題。爸媽以為給孩子無虞的生活就是好的照顧，卻忽略了青春期的孩子更需要的是和爸媽安心的對話，但只是聽片段的故事實在無法真正給太具體的建議，因此我告訴Olivia，可以建議這位媽媽帶孩子去找心理諮商師。

她有些懷疑的說：「這樣就需要去找諮商師喔？」我跟她說：「連警察局都

去過了，為什麼會不改去找心理諮商師呢？去找心理諮商師不是更有幫助嗎？」然後繼續和她分享：「我們家雙胞胎小學中年級時，我也帶他們去找過諮商師幫忙過喔！」她聽了很吃驚的後退一大步：「什麼？何老師，妳也需要帶小孩去找諮商師喔？」

其實不只是小學生，我在幼兒園任教時，也曾建議過一些家庭，去找專業的諮商師協助，就算是學齡前的孩子，也有可能因為一些我們猜不出的因素而卡關；又或者我們身為當事人看不到問題的核心，必須藉由專業的第三者幫忙才能抽絲剝繭找到答案。

我們家孩子曾有在學校被排擠的痛苦經驗，甚至出現拒學的狀況，就算我自己是在教育現場多年的老師，面對自己的孩子也會有盲點，也會有需要被協助的時刻。

當時我就計畫好在家附近找一個信任的心理治療所，除了解決當時孩子的困境外，我也希望幫即將步入青春期的他們找一個未來可以去求助的地方。

我無法預料進入到青春期的他們會不會遇到其他困境、或是我無法處理的狀況，甚至他們可能拒絕和我討論。到時候，我希望他們可以自己來到這裡和諮商師聊聊。

但諮商不是萬靈丹，是不可能只談一次話就拿到解藥，讓孩子從此就過著幸福快樂的日子。心理的問題一定都是日積月累的結果，所以也會需要花上一段時間，不斷調整、找方法，再慢慢回到軌道上。

對於一些心有疑慮的家長，我也會開玩笑地告訴他們：「孩子身體生病了，妳會急著掛急診，趕快做診斷、治療，那孩子心理生病了，為什麼你不願意在第一時間幫孩子找諮商師協助呢？」

父母們，請鼓起你的勇氣面對！

流行病學調查結果顯示，近十年來，兒童期重型抑鬱症的患病率為2–4%，而根據衛福部民國八十八年到一〇七年的統計資料，在自殺的年齡層當中，十五到十九歲自殺死亡率近五年有明顯增加的趨勢，且在民國一〇八年創下二十年來死亡率的新高！如果我們能更有意識的幫助孩子尋求專業的心理協助，相信社會上時有耳聞的青少年自殺事件一定可以慢慢減緩。

幫孩子準備好後援部隊不單是找好學校、好老師、好補習班而已，當孩子的心理不健康時，這些外在的成績表現，其實也就沒有實質的意義了，不是嗎？

身為父母的我們不是萬能的，也不可能永遠有辦法解決孩子所有的問題；唯有當父母正向的看待心理問題，接受孩子的心理可能生病了這個事實時，我們的孩子才不會因為覺得羞愧而說不出口，造成更嚴重的憂鬱、抑鬱、自殘、意圖自殺等問題。

甚至期待當他們未來長大成人之後，遇到生命的難關，能夠勇於面對問題、尋求資源，而這些觀念，必須由身為父母的我們從小開始陪著他們做起。另一方面，其實我自己在和諮商師談話的過程中也受益良多，不但學習到不同的溝通方法，更能從不同的角度看見自己的孩子。

有些爸媽可能會擔心私人心理諮商的費用，其實在社區的心理衛生中心，也會提供一般大眾可以負擔的心理諮商服務，或是學校裡都一定會有輔導老師可以協助。只是學校的輔導老師與學生的比例其實是僧多粥少的狀況，雖然會是個幫助的開始，但不見得能有妥善、完整的服務。

隨著孩子的年齡漸長，我們將逐步退出他們的生活的同時，如果能幫他們先準備好開放的心與友善的資源，相信會對他們的未來提供莫大的幫助。

實用撇步123

1. 如何尋找及安排適合的諮商師？

建議從家附近開始尋找，除了方便性之外，未來如果孩子私下有需要，也可以自行到諮商所求援。

2. 為什麼去了以後覺得沒有效果？

諮商師就和我們生病找醫師一樣，不見得第一次就能遇到可以有效處理問題的諮商師。

每位諮商師擅長的領域也不一樣，記得要先確認諮商師的專長領域，如果幾次之後仍無效，當然可以再找不同的諮商師試看看。

另外，要有長期抗戰的心理準備，絕不能三天打魚兩天曬網，否則會比較難看到效果。

3. 會不會留下紀錄或被貼標籤？

私人的治療所是不會留下醫療紀錄的，更何況隱私權是諮商師非常重要的職業規範，而貼標籤這件事情要爸媽自己先放下心中窒礙，問問自己怎麼做才最能幫助到孩子？

我相信給孩子一個健康身心的重要性，絕對遠比被貼標籤來得更重要；這也是正面的示範，讓大家了解良好的教養處理方式，不是嗎？

爸爸的角色

在我主帶的蒙氏親子課程中，大部分前來陪伴的都是媽媽，但也會看到爸爸的參與。

我特別記得偉偉的爸爸，十堂課中有七堂都是他獨自陪伴偉偉前來。在前幾堂課程中，才兩歲四個月的偉偉難免會有小調皮的時刻，甚至有一次不想收拾教具而故意把椅子推倒在地上，發出巨大的聲響，讓全場大家都嚇了一跳。

我當下看到爸爸火氣瞬間上來，似乎要破口大罵，我趕緊過去把偉偉帶到玄關處安撫他的情緒，了解原因後再把他帶回爸爸的身邊稍作說明。

最後一次爸爸參與的課堂中偉偉又不小心灑落了整杯的綠豆，這次我看到爸爸沒有再瞬間發火，可以耐著性子陪著偉偉一起收拾，還會幽默的回應偉偉的緊張，覺得爸爸進步好多啊！

偉偉爸爸真的是個好學生，每次親子課程我都會過去提點一下他們正在操作的教具的目的，並快速地告訴爸爸操作的流程與重點，爸爸就會點點頭說：「好的，老師我知道了。」然後認真擔任起助教的角色。

當偉偉工作有些累了以至於情緒不好、不耐煩了，我也會過去提醒爸爸，他這時可能需要去吃個點心，或稍微休息一下。透過這些真實的互動，爸爸慢慢更認識偉偉的發展需要，在一旁看著他們父子越來越有默契，讓我常忍不住微笑。

最後一堂是媽媽來陪，我主動過去詢問媽媽十堂課下來有發現什麼變化嗎？媽媽笑著告訴我：「有耶，有發現偉偉的口語越來越清楚，而且比較可以坐得住，還可以自已玩，不會一直要人陪。」

我又問媽媽：「那爸爸呢？我的觀察是覺得爸爸和一開始來的時候很不一樣，不知道回家後的狀況如何呢？」偉偉媽媽馬上點頭說：「有喔，爸爸變得比較有耐心耶，而且比較知道怎麼和偉偉玩！」

我聽了真是開心！我相信每個爸爸都愛著孩子、都是想要孩子好，只是很多時候他們不知道要怎麼介入，只能靠著自已長大的經驗去摸索。但孩子很可能和他的氣質是不一樣的，而現今的時空背景更不可能一樣，如果只會用舊的經驗來教養這個世代的孩子，肯定會產生許多衝突與摩擦，受苦的不只是在一旁焦急的媽媽，更是年紀尚小的孩子啊！

偉偉爸爸告訴我，因為是從事服務業，其實平常他陪孩子的時間並不多。他早上十點多出門，晚上到家孩子常常也都睡了，因此才特別排了休假，在媽媽的安排下過來陪偉偉上課。

偉偉情緒上逐漸穩定，我想也是因為發現除了媽媽外，原來爸爸也是這麼可靠、可依附的。爸爸可以陪他玩，也願意了解他的發展和感受，更感受到爸爸對他的愛與關心，這真是始料未及的收穫啊！

我陪伴他們的蒙氏親子課程雖然結束了，但我相信屬於他們父子的故事，才正要開始！

而另一個媽媽則是很困惑的來找我求救，她說小女孩很固執，常常拒絕爸爸的幫忙，尤其是睡覺前或是早上起床時，總要指定媽媽來陪伴，甚至語氣很不好的趕走爸爸，讓爸爸很傷心；孩子心情好的時候又常會對爸爸頤指氣使，知道媽媽不答應的事就去鑽漏洞、找爸爸幫忙，讓媽媽實在不知道該怎麼辦才好。

我心底默默浮現了一個畫面：一位爸爸在一旁想要參與，卻始終踏不進母女倆的小圈圈，臉上掛著的是莫可奈何又乾著急的表情。

媽媽和孩子的關係是與生俱來的，幾乎不用怎麼建立，自然就產生感情，形成依附的關係；而爸爸不一樣，需要時間和用心才能真的學會怎麼和孩子互動，怎樣成為一位稱職的爸爸。

但在這個過程當中，如果沒有媽媽充分授權，接受爸爸在育兒上的小失誤，那爸爸很可能只會往兩端走：一是甘願棄權，退出母子的小圈，站在圈外不再參與教養的部分，僅提供經濟和生活其他部分的援助；另一端是扮演討好者，用物質取得孩子的認同，或用其他方式彌補孩子，甚至常常破壞媽媽訂下的規則。因為唯有如此，爸爸才能感受到自己和孩子也有站在一起的時刻。我其實常看到這些全能的媽媽下意識拉緊了孩子，順手就推開了另一半而不自覺啊！

適時將教養權交給你的另一半

我們必須給另一半足夠的勇氣、力量與成就感，謝謝他願意嘗試，知道我們將攜手因著孩子而擁有更成熟的婚姻與更豐盛的人生。

當孩子犯錯時，身為母親總願意再給他們機會，相信他們可以做到；但當另一半育兒時犯錯了呢？我們有沒有辦法給出同樣的相信，相信另一半會有這樣的狀況，一定事出必有因，有時甚至很可能是出自於原生家庭的價值觀或陰影？

這時我們能做的，是陪著另一半看到問題、一起面對與成長，而非劃清界線，從此不願意再讓先生處理孩子的狀況。我們願意放下屬於媽媽的權力和與孩子獨一無二的親密，在孩子面前放大另一半好的意圖嗎？還是你總是希望孩子選邊站呢？

一個家庭的組成夫妻應該是一體的，這樣才會是一個健康家庭的組成，當媽媽把孩子拉上來成為一體，而把爸爸踢出圈外時，受苦的不會只有媽媽，爸爸、甚至孩子都得要辛苦的去撐住這個家庭。

爸爸的角色除了自身父職的呼喚之外，也需要媽媽們的授權與支持，如此一來爸爸們將體會到身為人父是件有成就感、也樂意參與的事情，而我們的孩子才能同時擁有真正完整的愛啊！

實用撇步123

當另一半對孩子體罰或失控時，我們可以怎麼做？

1. 千萬不要在孩子面前批評另一半

這樣的作法將瞬間貶低另一半在孩子心中的地位，會讓另一半的管教更不容易。

2. 幫助另一半用比較理性的方式說出怒氣

請務必要讓另一半覺得你是和他站在一起的，你也認同他的怒氣來源，如此能有效降低他的衝動與憤怒值。

3. 有生命安全或造成傷害的疑慮時

當然需要第一時間就保護孩子，如果沒有，可以試著在氣氛稍微和緩時帶開孩子，讓彼此有空間和時間重新思考，找出更好的因應之道。

關於養寵物的二三事

關於要不要養寵物這件事情，常常讓父母很掙扎和困擾。我聽過太多案例，都是養了之後就變成媽媽的責任。當孩子提出要養寵物時，到底要注意哪些事項？怎麼判斷孩子真的已經準備好、而不是嘴巴上說說而已呢？

我自己從小的心願就是養一隻狗，可惜我媽媽非常怕麻煩，也很不喜歡寵物。她甚至在我們盧她盧到她受不了時曾說過：「有她就沒有狗，有狗就沒有她！」那時雖然我年紀還小，但已經清楚知道自己想養狗的願望，只能以後長大才能達成了。

但是因為不能養狗，所以我們就要求媽媽讓我和妹妹養其他寵物。我爸爸其實也是一個熱愛小動物的人，家中從小就養了一大缸的觀賞魚。除了普通的淡水魚不說，連海水魚我爸爸都有認真的養過；而我們則是從烏龜、寄居蟹、鳥、鵪鶉、蝦、寵物鼠……都努力認真的飼養，養寵物的經驗幾乎是沒有斷過。

成家立業之後當然就是忙著照顧三個孩子，隨著孩子年紀慢慢長大，不難發現我們家兩兄弟也是超級熱愛小動物的。小時候到二阿姨家去玩，看到二阿姨養的兩隻貓，總會興奮的撲上去想和貓咪們玩。不過在有一次爬到貓咪身上當坐騎之後，我們只要去二阿姨家，兩隻貓就會自動消失得無影無蹤，也讓我看到當時幼兒園年紀的他們還沒有準備好去照顧另一個生命。

當孩子準備好了，養寵物能讓他更理解負責的意義

一直到兩兄弟小四的時候，他們開始常常說著想要養狗，我當然也相當心動，同時覺得這可以是訓練孩子、拓展他們生命經驗的好時機。

蒙特梭利女士曾說過：「沒有一件事能夠像照顧動植物那樣，使一個通常只顧眼前、毫不在乎未來的孩子變得深謀遠慮。」我深深相信，當孩子有足夠的生活自理能力與成熟度，照顧動植物絕對是非常好的生命教育。

不過養狗可不是件容易的事。雖然小狗可愛的模樣叫人融化，也常看到路旁有孩子在幼犬旁哀求著爸媽想要飼養，但畢竟他們年齡尚小，我們必須陪著孩子

們做出審慎的評估。

我們反覆和兒子們討論了一整年，從帶著他們實際去領養團體辦的活動中真正認識與了解養狗要負起的責任，到明定領養過後所有的工作分配。包括要幫忙撿狗大便（這常常是孩子們的死穴），但如果真的要養，就得要負起責任；甚至因為他們怕狗會暴衝拉不住、還不適合遛狗，所以媽媽得每天早晚去溜狗，兒子也就理所當然的扛起準備全家早餐的工作。

狗狗從他們小五領養完到現在國九，這些工作他們從來沒有抱怨過，也心甘情願的早起，算是始料未及的收穫呢！

而我們家的流浪狗伊布也的確帶來許多的暖心時刻：記得兒子小學高年級時，有一次因為心情不好，自己躲在客廳角落掉淚，伊布就默默走過去坐在兒子旁邊，兒子轉身抱住伊布的剎那，我感受到那股安慰的力量是如此的深刻有力。

不用出聲，只是給出了全心的陪伴，那是多麼療癒的擁抱啊！更別說每天一定在門口等候全家一一回來，每次看到伊布開心的繞圈、撲在我們身上的瞬間，我們就忘了一天的疲憊，心也自然地暖了起來。

牠從來沒有埋怨，只有真心全意的等你、愛你，我想那種無私的愛與付出，是我們從伊布身上學到最重要的一課了。

後來兒子們因為看到了動物的弱勢，更愛屋及烏的去流浪狗收容中心服務，甚至連朋友想要養狗的時候，我們家兄弟都會侃侃而談，讓對方了解為什麼我們要領養狗而不是買狗。

有太多不肖份子只想著讓狗媽媽多生一點，好讓狗舍圖利，卻沒有好好對待狗媽媽們，讓牠們身處在惡劣骯髒的環境，甚至為了不要牠們亂叫而剪掉聲帶、虐待的情況也時有耳聞。

因為人類的自私已經造成大自然許多的問題，像是有些人養了之後發現狗狗會亂叫、亂咬人；或是男女朋友一時衝動買了寵物，分手後卻沒有一方願意照顧，所以就任意丟棄等，不但造成流浪狗的問題，更深深傷害了一個小生命的心靈。

如果有能力想要養狗，領養一隻流浪動物不但滿足了欲望，更是幫助了一個小生命，也減輕了收容所與社會的壓力，這樣一舉數得的事當然要認真推廣。已經上國中的兒子們因為領養了伊布，深入了解到不少流浪狗的社會議題，在行有餘力之下幫助牠們，相信這也是我們可以藉由飼養動物中教育孩子的地方。

另外，如果在生小孩之前就已經有養貓狗的家庭，千萬不要因為生了小孩就遺棄牠們，也盡可能不要因生了孩子而完全忽略了牠們，造成牠們的不安。其餘的「親友指教」真的可以不必太在意，畢竟牠們可是比孩子更早成為家庭中的一份子，沒有道理有了新生兒，就把牠們拋棄的。

事實上並沒有明確的證據顯示寵物與小孩不能共同居住，反而有更多的研究告訴我們：「寵物與嬰兒接觸並不一定會造成過敏，相反地，若是在嬰兒時期就開始與寵物相處，暴露於適當的病菌環境中，反而有助於提升免疫力，過敏與氣喘的情況更是有減少出現的趨勢。」

飼養寵物也會對孩子的身心發展有一定程度的助益。只要好好的照顧環境、照顧毛小孩的健康，相信寵物帶來的愛與溫暖肯定遠遠超過我們的預期！

實用撇步123

當孩子提出要養毛小孩時：

1. 請先想想自己是否可以好好照顧毛小孩一輩子

爸媽是家庭中最重要的支柱，孩子們隨著年齡增長，一定會有離開家的時刻，因此得要先問自己有沒有這樣的決心？甚至當毛小孩到了生命後期需要時間、金錢的投入時，是否有這樣的心理準備呢？

2. 了解孩子的能力

照顧毛小孩不是只有逗弄牠們，請先思考依孩子的能力，他們可以盡到什麼樣的責任呢？幼兒園的孩子可以負責固定的餵食，注意水是否乾淨充足、飼料碗的清潔、幫狗狗刷毛、幫貓咪換貓砂……這些是最基本的照料，更可訓練孩子的責任感。

但如果寵物的體型偏大，比如中大型犬，請千萬要等孩子真正長大、有足夠的力氣再讓他們嘗試遛狗等活動，以免發生狗暴衝沒有抓好而走失的狀況。

3. 如果毛小孩真的有些行為狀況，很難處理時該怎麼辦？

既然養了牠就要負責到底。因此如果毛小孩真的有一些行為問題，像是亂吠叫、有攻擊行為等，建議一定要積極處理。

我們家在領養狗時就閱讀了許多相關的知識，正式領養後還帶著牠去上課。身為狗主人除了要了解毛小孩的生理狀況之外，也需要懂牠們的行為與心理，並給予合理的訓練。比如訓練牠在家時在尿布墊上尿尿，或是基本的動作學習（坐下、趴下、召回等），可以讓你的毛小孩更穩定又有人緣！

4. 寵物臨終的準備

這是每一個家庭心中永遠的痛，因為毛小孩肯定會比我們先走，對孩子來說更有可能是他們第一次面對生死的經驗，因此在決定養毛小孩前，應該就要先告訴孩子這個必然的事實。

當然，在事件發生後，更需要全家人一起扶持、互相安慰，才能慢慢走出「失去」的這個傷痛。也可以引導孩子了解雖然毛小孩離開了我們，但牠所帶給我們的愛與回憶，卻會是永遠難忘的生命教育。

親子旅遊的意義

我們家一直是個玩透透的家庭，套句我老公的名言：「與其宅在家吵鬧，不如帶出去玩安靜些。」

帶著三個孩子大江南北的到處跑，當然不會是件輕鬆的事，但是「姊要的從來就不是輕鬆，而是那些想起來就暖在心底的回憶」。

曾經聽朋友說：「孩子那麼小，根本什麼都不會記得，沒必要那麼小就帶出國玩。」但其實在孩子還小時，帶他們出國玩從來就不是為了要讓孩子記得什麼史地文化，骨子裡其實是不願意讓自己的旅遊魂因為身分的轉變而枯萎凋零。

我們家旅遊史眾多，實在很難記得第一次的親子旅行是什麼時候開始的，還好老公除了愛攝影之外也是記事、整理達人，打開我們的照片檔一看，發現原來我們第一次帶著雙胞胎出門過夜旅遊，是在他們六個月時去了奧萬大。

十多年前看似遙遠，但許多旅遊的記憶卻還是那麼的鮮明。那次去奧萬大真是累慘我了，畢竟帶雙胞胎出門是沒辦法和老公換手的，我和他一人背一個，走完奧萬大全程兩個多小時的步道，簡直一整個負重健身的概念；還有一次是兩個小子十一個月大時到溪頭，我們苦命的推著雙人嬰兒推車走完全程，在其中一段上坡時，竟然有一個輪子就像是在抗議過勞般自行滾走了，我和老公一整個大傻眼，只好趕緊去路邊撿回輪子，臨時找了個繩子把它綁回去，努力完成剩下的步道，現在回憶起來還是會忍不住漾起微笑啊！

小學時期最重要的一次旅遊應該就是尼泊爾的志工之旅，因為朋友基金會牽線，讓我們有機會和其他幾個從小一起長大的家庭，一起到尼泊爾擔任志工，除了給予他們所缺乏的文具、物資之外，更希望能和當地的孩子有所交流。

育幼院中從四、五歲到十七、八歲，大約有六百多個學生，大部分都是從西藏、喜馬拉雅山上下來的孩子（雪巴）。一個大孩子告訴我們，他回家一趟要走三、四天，爬上五千多公尺的山，所以他已經八年沒見過爸媽了！

一開始我們發想，希望能讓這些可能沒有機會到音樂廳欣賞一場正式表演的孩子，可以藉由我們的努力，體驗一場音樂的盛宴。同行的一位媽媽是大提琴老師，由她來幫我們編曲，從〈高山青〉〈丟丟銅〉〈草螟弄雞公〉〈西北雨〉到〈桃花過渡〉，呈現給他們一首又一首的台灣民謠，由每個成員認領一種樂器，從小提琴、口風琴，不會樂器的就負責鈴鼓、三角鐵……

我們花了好幾個星期練習和彩排，還安排了民俗技藝的扯鈴表演，後來果然得到滿堂彩。尼泊爾的孩子們也為我們帶來藏族舞蹈及音樂表演，讓我們互相沉浸在一場愛與文化的交流饗宴之中。

記得那時步出表演的教室，看到簡陋的操場上，尼泊爾的孩子們赤著腳、穿著拖鞋奮力的、充滿鬥志的在踢足球，我們的孩子一時技癢，就進行了友誼賽。

孩子們腳上穿的是Nike、Adida的球鞋，尼泊爾的孩子們卻是上場前才去和有拖鞋的孩子要鞋子穿，最後僅以5：4險勝赤腳大仙們，大夥約好隔天再戰。在一旁觀看的我心裡想著，雖然語言不通，但我們用音樂、扯鈴、足球來交朋友，對孩子們而言，世界似乎又更寬廣了。

交流最後一天的下午，育幼院的大孩子們帶著我們一起跳起了藏舞，大家都玩開了，最後還圍了圈，輪流到中間尬舞，笑聲充滿在尼泊爾的教室中。也許這群充滿尼泊爾未來希望，並被祝福與照顧的孩子，在未來的某天，會忽然想起遠從台灣來、曾經與他們一起共度這個愉快午後的我們。更希望這群生活總不虞匱乏的台灣孩子們，能記得不問收穫的付出是多麼的美好，然後成為祝福的種子，長大後繼續貢獻自己的力量與所學，將平安帶到世界需要的角落。我想，這就是我想帶孩子們到世界各處旅遊的意義吧。

讀萬卷書，不如行萬里路

台灣的孩子很幸福，有些小小年紀就已遊遍世界，但出國旅遊除了增廣見聞、放鬆身心、享受生活之外，身為父母的我們總覺得還可以在有些能力時帶著他們多做些什麼。

我不太喜歡和孩子們說很多道理，因為就像紀伯倫所說的：「你可以給他們愛，但不可以給他們思想……因為生命不會倒退，更不會停留在昨天。」我願意牽著孩子的手去感受真實的生活，去加深生命的韌度，去增加他們未來世界的可能性。唯有如此，未來的他們才能真正成為自己的主人，而非被外在欲望驅使著過生活。

生活是可以以許多不同的樣貌呈現的，在尼泊爾，連身為大人的我們，也學會了降低生活便利的欲望。那裡的電力不穩，手機能充電時都顯得格外珍惜；抽水馬桶不普遍，所以能使用時總覺得格外享受；交通工具簡陋，當能坐在舒適的巴士上，望著旁邊沙丁魚般人潮擁擠的公車時，總覺得格外感恩。

懷念著台灣平坦的柏油路、電線的地下化、優良的排水系統、便捷的交通、快速方便的網路，甚至是我們視為理所當然的路燈、抽水馬桶，我希望藉由這次的服務行程帶給孩子的不是五星級的飯店、high翻天的遊樂設施，而是看到在另一個世界努力生活的人們，那群小小年紀就為了受教育離開父母羽翼的孩子是多麼的有力量，多麼珍惜能受教育的幸運。

我相信他們將長出強韌的翅膀，在未來的某天和我們一起在寬廣的世界中展翅，共同迎向屬於他們的天空！這會是我藉由旅遊，想送給慢慢長大、邁向獨立的孩子們最珍貴的禮物。也謝謝尼泊爾的孩子們，謝謝這次旅遊帶給我們的種種感受。

很多時候這些無形的收穫，已遠遠超過我們付出的體力、辛勞與實質的花費。

親子旅遊之所以美好從不在於風景有多美、享受有多高檔，而是陪著他們去感受世界、認識世界、擁抱世界的那些時刻。

實用撇步123

親子旅遊要注意哪些事呢？

1. 請用孩子的高度看世界，試著找出一個符合彼此需求的旅程，才有可能彼此都盡興。
2. 試著擴展孩子的視野，不要總是用單一的方式認識世界。比如除了跟團外也可以試著規畫自主旅行、家族旅行、拜訪親戚等。
3. 讓孩子更有參與感，讓孩子可以在旅遊中展現獨立性。從整理自己的背包、行李箱開始。年紀大一點的孩子可以讓他規畫想要去的景點、行程等，都是幫助孩子獨立的好方法。

我們是露客

大約是雙胞胎兄弟小一時，我們因為朋友的邀請開始了露營生活，到現在為止大概也有超過百次的經驗。

為什麼那麼喜歡露營呢？露營明明是件超麻煩又辛苦的事，光是上、下裝備就可以搞上半天，遇到天候不佳時更是苦不堪言。但對我而言，露營有許多好處是絕對值回票價的，比如說：

1. 美景

露營可以說是比較不破壞當地生態的造訪了。一個飯店的生成肯定必須帶來很多的人為破壞，光是滿山遍野的人與製造出的垃圾，就足夠使一個景點變得俗氣。

露營地，尤其是有些挑戰才能到達的景點，自然減少了人潮的湧入。加上露營地原本能容納的人數就不多，對當地的環境可以有比較好的保護與維持。此外也建議盡量選擇合法營區，露營就能更安心。

2. 生活

不同型態的旅遊通常會有不同的目的，有時是為了享受，有時是為了玩樂放鬆。但會成為露客最純粹的目的，就是為了想「好好生活」。

帶著孩子一起動手搭帳篷、鋪睡墊睡袋、煮菜、整理環境……沒有時間的壓力，遠離3C的干擾（大家有著默契，拿出來給小孩玩的人肯定會被白眼），讓生活回歸到最原始的狀態，放下平日繁雜的瑣事，好好的和大自然相處，這就是最吸引露客的地方。

3. 享受

露客的享受當然不是美食（除非你很幸運帶了個烹飪高手）或是SPA按摩，

而是心靈上的享受。

三五好友一起喝杯小酒、談天敘舊、看著好久不見的滿天星空、等著一現即逝的流星許願；清晨在大自然中甦醒，眺望著鑲著一朵朵小白雲的湛藍天際與峰峰相連的壯麗山巒。這麼奢侈的享受，卻常在我們日復一日的壓力中錯過，可惜了大自然這麼慷慨的賜予。

4.經濟實惠

尤其像我們這樣孩子多又愛玩的家庭，隨著孩子年齡日增，早就已經從不用票、半票到現在住旅館得算大人的價錢。

露營的設備雖然一開始得先投資一筆，但之後出去兩天一夜，全家一泊多食大概千元出頭即可打發，真是比住飯店、跟團玩景點要來得划算得多。

5.教育

露營對孩子來說，最大的學習就是「一切都要自己動手做」。

這裡沒有什麼事是可以花錢解決的，想睡覺，請自己搭帳篷；想吃飯，請一起來準備食材。

孩子將學會付出勞力來換取舒服的生活，更重要的是，當他們一起努力搭完帳棚後的成就感，更是他們最大的收穫。

我們這團有個默契，就是沒有那種孩子一來就可以衝去玩，爸媽就得任勞任怨的搭帳篷、煮飯整理這種事。孩子們必須要和爸媽一起協力準備好所有環境，然後在爸媽的同意下才可以去找朋友玩。

透過露營讓孩子們學習同甘共苦，是我們很重要的目的之一。另外，搭帳篷常是腦力激盪的時間，怎麼樣組合、如何固定等孩子都可以透過實作來學習。丟一顆足球、帶一些運動器材，孩子就可以玩上一整個下午，享受真正的生活。

6. 關係的建立

透過露營，不只親子間可以有不同的互動與了解，另一種透過露營活動建立的關係，就是友誼。

記得有一次我們總共來了三十幾個家庭，因為山上沒有手機訊號，所以三天兩夜的生活完全回歸到最真實的互動。媽媽們在超美的櫻花雨下邊洗菜邊聊天；爸爸們小酌著酒，天南地北的說著最近的生活；孩子們更是滿山遍野的跑著，像極了古早年代的大庭院同村共養的生活。

各家煮的飯菜都是路過的孩子拿著碗來捧場，自己家的小孩也不知道是哪一家幫忙餵飽的。這些友情，都是偶爾教養茫然時最有力的陪伴與支持。因著孩子們從幼兒園延續到國、高中的情誼，對爸媽們來說更是難能可貴的收穫啊！

當然，露營沒有每次都順遂的，有好幾次留下了非常曲折的故事：像是颱風天在某國小的操場中央，朋友的帳篷差點被吹上天變成風箏；還有一次螞蟻軍團肆虐，大夥只能採取拿著桌子、端著盤子不斷移位吃飯的窘境；也發生過才剛過午就下起滂沱大雨，穿著雨衣搭營已經分不清是汗水還是雨水；更別說有時半夜的大風，讓爸爸們都起了床，營釘聲此起彼落，深怕睡到一半帳篷沒了頂；幾年前有一次約好大夥帶了十幾把的小提琴，孩子們晚上要一起合奏世界名曲〈卡農〉，沒想帶山上氣溫驟降，結果孩子們在不到十度的低溫，手指都快凍僵的狀況下為我們表演……這些都成了我們茶餘飯後說不膩的話題，讓我們的友誼充滿了濃濃的回憶，更珍惜有這樣的機會能一起生活與露營。

所有的甘苦，當然還是要親自體會才能了解。台灣真的是非常適合露營的好地方，有山有水有風景，現在的露營地也都整理得有模有樣，衛生設備雖不見得都是豪華版，但也乾淨、清潔。

偶爾停下腳步，拋開緊湊的行程，和三五好友、親人、孩子一起好好沉澱一下，看看滿天的星斗，聽聽彼此的生活，再回到現實生活時，你會知道，自己的努力是為了什麼。

實用撇步123

如何開始露營？

如果身邊有親朋好友是露營好手，由他們帶入門當然是最簡單的。現在也有很多社團歡迎新手加入，或是賣器材的商家也都會舉行大型的露營活動，只要報名參加，自然就會有高手指點，不用擔心。

要準備什麼基本設備呢？

最基本的當然就是帳篷、桌椅、睡袋，再進階一點就是燈光、烹煮設備、玩樂設備。現在因為露營越來越普及，因此很多場地甚至有提供租借的服務，新手們可以從入門型的營地開始，相信比較可以從容地體驗喔！

什麼樣的天氣最適合露營呢？

如果設備尚不完善的情況下，以春秋兩季較為適合。

冬天的帳篷大有學問，因價位的高低禦寒係數或是防水狀況都會不同，新手們請千萬不要在嚴冬體驗初露，免得壞了興致；夏天高溫炎熱，我們通常會用天幕來隔絕炎熱的陽光，好的天幕除了能擋掉紫外線之外，還可以有效降溫喔！

另外高度當然也會影響溫度，所以怕熱記得就往山上跑，冬天也就別跑太高，如果設備不夠，真的會冷到難以入眠呢！

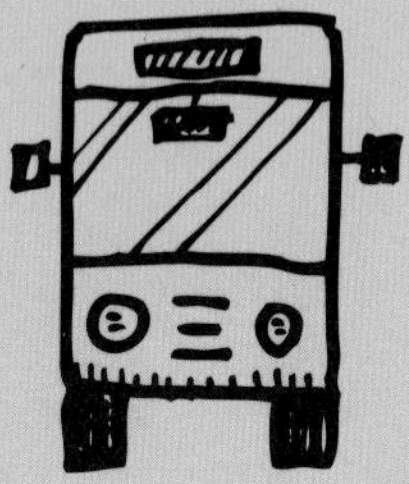

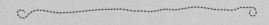

Part

4

校外篇

課外學習哪個好？

在幼兒園工作時常有家長問我，五花八門的才藝學習到底要如何選擇？如何找到最適合孩子的安排？又要如何判斷我的孩子有這方面的天分？在孩子面臨瓶頸期時到底該放手，還是再陪著他咬著牙撐下去？

這些疑問，就讓我從多年的觀察與切身經驗中，為大家理出一些頭緒吧！

學齡前為最好的探索期

幼兒園階段還沒有正式的課業壓力，是最可以多元安排和探索的時機。才藝學習不外乎語言、音樂、運動、棋藝等，建議在這個時期多方位的嘗試。

只要家長的敏感度夠，對孩子有足夠的了解，加上上課一段時間後和老師請益，了解孩子的狀況，大概都可以看出孩子有沒有發展下去的潛力，值不值得繼續投資時間、精力跟學費下去。

學得好不如學得久

這其實是我十多年來陪伴孩子學習課外課程最重要的收穫。

當我們已經打定主意陪著孩子好好學習一項才藝之後，我覺得最基本的起跳就是三年。如果只是學個一、兩年就放棄，其實真的只有學到皮毛而已，並沒有真正進入那個學習的領域。

不論是學舞蹈、足球、游泳、圍棋……你必須陪著孩子反覆練習、上場比賽、參加演出、經歷失敗、打掉重練……經過一次又一次的循環之後，孩子才能真正體會到箇中的滋味，你也才能慢慢放手，讓他願意自己耐著性子的去練習、獨立面對挑戰，而後看到孩子一次比一次更自信與成熟。

你會發現這根本是場意志力的考驗，單調的不斷重複一樣的曲子、反覆的足球基本動作訓練、一圈又一圈似乎無止盡的游泳練習、永遠也下不完的打譜……如果沒有強韌的意志，其實很容易就會想放棄或是裹足不前。

因此對我來說，讓孩子學習才藝不是為了培養國手、運動員、音樂舞蹈家，更重要的是孩子在這些反覆甚至單調乏味的訓練中，了解到自我挑戰的意義，願意為自己立下一個又一個的目標。

上了小學後，建議專攻兩個才藝即可，一動一靜會是較好的安排

孩子的時間有限，留白也是很重要的安排，因此不建議用才藝把孩子的空閒生活塞得滿滿的。留些時間讓他們有機會去閱讀、去發揮生活上的創意。此外，也請千萬不要忽略運動可以帶給孩子的幫助，每週至少兩次規律的運動訓練是必需的。

我們家三個孩子的才藝之路其實挺不一樣的，老大幼兒園時接觸過圍棋，後來在六年級時又開始對圍棋有了興趣，告訴我們想要再次以老身之姿重新學習。剛開始我只是圖個方便，在住家樓下的圍棋社下了一學期，也許是因為時候到了，老師對他讚譽有加，他也迅速的從原本的23級一下子升到13級。

之後經由好朋友的介紹，我們來到一家比較小型、但教學相當獨特且風趣的圍棋社。老師不是循循善誘的溫和派反而很對孩子胃口，從七年級的上學期開始，

他就規律的每週去兩次學習，回到家也會主動下網路圍棋練習。當然故事沒有都順遂的，儘管累積了一點實力，但有時還是得要有一些運氣。

記得曾經有一場比賽，兩勝一敗的他已經顯得有些沉不住氣，因為一定要至少四勝才有可能升段。當我接到他氣急敗壞的電話，說第四場又輸了的時候，我就知道挑戰來了。

他直接告訴我不想下了要回家了，沒經驗又無厘頭的媽媽一直問他這樣可以嗎？他告訴我沒關係反正一定輸了，最後一場不下也沒關係，我趕緊Line老師，才知道不可以這樣，規則是必須要回去繼續下完，因此匆忙趕到樓下陪著他，想辦法幫他打氣，讓他轉移注意，終於在比賽開始後五分鐘，他又回到現場把比賽「輸完」。

雖然老大只花一個學期就從13級升到段的殿堂，但起步真的是晚了不少，同齡的好友、甚至比他年紀還小的孩子都已經晉升六段甚至七段了。

在面對三個孩子十多年學習課外活動的過程中，我其實也已老神在在。畢竟時候未到硬要揠苗，通常只會讓親子關係緊繃甚至決裂，很多時候等待孩子自己開口，反而是最好的學習時機。

而老二的小提琴從中班拉到國三也快十年了，這中間不知道走過了多少個瓶頸期。吵著不想練琴只想上課、氣老師教得太難、總愛自己創意拉弓唱反調……這過程的辛苦，大概只有老師和身為父母的我們最清楚。老二也不是特別有音樂天分，支持我們走下去的，就只是因為他有興趣，以及想鍛鍊他的意志力。

女兒小五時，意外被老師派去參加語文競賽中最麻煩的演說比賽。過年後的比賽，我們從年前就開始準備三篇稿子，然後努力找時間背稿練習。一開學，比賽完回家，女兒就告訴我：「媽媽，我太緊張了，講得太快，所以沒有到四分鐘就結束了。」

比賽前的叮嚀囑咐，到了這一刻其實也都不重要了，我知道女兒盡了全力，因此只告訴她：「沒關係，媽媽發現妳的記憶力還不錯耶，過年前背的那篇，妳居然也大致記得。」女兒才面露微笑。

孩子為什麼會對自己喪失勇氣？很多的時候不是因為他的失敗，而是失敗後大人的責難，那就像是刺痛傷口的鹽巴，讓孩子失去結痂的能力。我也時常祈禱，希望自己不要成為孩子下次前進的阻力。

三個孩子各有不同的特質，我們也都盡心的幫助他們找到自己的專長，陪著他們在每次想放棄時，再努力挺進一些。足球、舞蹈、小提琴、游泳、圍棋等活動，陪著陪著也都超過五年以上的光陰。在這些學習中，我慶幸孩子有了不同的視野與生活圈，當然最重要的還有意志力的鍛鍊，我想這是孩子課外生活中，最重要的學習。

路沒有好走的，既然選擇了，記得要陪著孩子堅持下去。就算最後真的無法到達終點，也別忘了好好欣賞沿途並肩而行所經歷的一切。

實用撇步123

當孩子學習才藝遇到瓶頸時：

想想為什麼你希望孩子繼續走下去？是因為想要完成自己年輕時的夢想？覺得會這項才藝對未來很有幫助？還是覺得孩子有些天分，並可以從中得到成就與不同的歷練？

和孩子討論發生什麼事了？

同時，也請主動找老師了解孩子上課的狀況。有時只是教學方式不合適，卻也會影響孩子的學習熱情。

壓力太大了嗎？

如果是在比賽前、上台前、測驗前孩子出狀況，可以看看會不會是壓力比較大。盡可能減少斥責，同理孩子的緊張，有時過關之後一切就恢復平靜了。

所有的才藝學習，都需要營造動力與清楚的階段性目標。也許是某個比賽、也許是下一個級別，或是同隊同仇敵愾的氛圍。幫助孩子設立目標，以陪伴代替叨唸，都會是讓孩子能繼續走下去重要的條件。

課後生活該如何安排？

在幼兒園工作十幾年，幼小銜接幾乎是每位家長在幼兒園最後一個階段都會認真做功課並和老師、學校討論的話題。

除了課業學習及生活適應，家長們對於課後安排也是傷透腦筋。這個問題的重要性不輸給選擇念哪一所小學，因為低年級時，課後時間可能比在校還要長。

這幾年更讓家長煩惱的是課後的選擇越來越多，到底要如何分辨與判斷？這真不是件簡單的工作。我自己的三個孩子也陸續進入國中階段，回首他們小學的課後生活，包含寒暑假的安排，有些心得和訣竅可以和大家分享一番。

我們先來看看現在小學課後可以有那些選項：

課後照顧班

每間公立小學都會提供課後的付費課程，通常比較小型的學校會由學校老師繼續擔任課後照顧班的老師，但大部分都是聘請校外有意願的老師來擔任，將幾個班有報名的學生併成一班。

教師當然還是需要修畢教育相關的學分，但因為沒有太嚴格的資歷限制，有時師資會良莠不齊。另外因為是以家庭作業指導為主，酌予生活教育指導，教室外活動通常規定需全班寫完作業後集體進行，所以戶外時間不見得都會有；且有明文規定不可給孩子寫評量卷、不可安排考試等，因此保育的成分較大，相對而言收費也平易近人許多。

大都可另外訂購午餐，最晚可以留到六點左右甚至七點，每間學校可能稍有差異。低收入戶、身心障礙、原住民及其他情況特殊兒童的照顧更是政府明文規定的重點指標之一。

我們家妹妹因為個性比較穩定，所以四到五年級是參加學校課後照顧班，再配合學校社團來安排她的課後時間。好處是寫完功課之後留白的時間不少，可以和同學聊天或在老師允許下下下棋或閱讀（每位老師開放的部分都不同），但探索型的活動就相對少很多。

課後學社

有越來越多家庭希望孩子的課後生活能夠多涉獵不同的領域，走出室內到不同的場域去探索，因此這幾年大台北地區課後學社可謂蓬勃發展。

通常來說，是由幾位志同道合的家長透過課後學社的平台尋找適合的老師，場地若能使用其中一位孩子的家是最划算的，當然也可另外找付費教室。因為是客製化的學習，所以可以針對孩子們的興趣發展來設計下午的課程、寒暑假的生活學習等。

平台上的各隊老師甚至可以互相分享資源、貢獻所長來豐富孩子的視野與學習，收費當然相對而言就較課後照顧班高出許多。還有因為是客製化的學習，會需要更多家長的參與協助，才能讓孩子的學習更多元與完善。

另外，師資的部分比較像是在選擇家教老師。很多平台上應徵的老師並不是教育背景出身的，好處是因為每位老師的所學、專長都不同，老師們可以帶領孩子在不同的領域探索；但因為不見得受過完整的教育訓練（當然這是很見仁見智的選擇），很難論斷好壞，端看家長的判斷了。

補習班

補習班又分為技藝或文理補習班，在立案時就需要先做區分，是不可以共同使用的。像是教舞蹈的補習班就不可以教英文，都會偏重在某一種技能或語文的學習，應該算是保育成分最少的單位。

老師們的背景所長也都會偏重在某一個領域，比如圍棋、舞蹈、游泳、足球、美語等。補習班通常不會設立廚房，加上上課時間短，自然不會提供餐點，也沒有讓孩子寫功課、午休的地方。事實上法令也明文規定不得涉及兒童的課後照顧服務。若是設有廚房火源，或是常態性代訂餐飲，設置寢室寢具等一被檢舉查獲，都會被開罰，是屬於違法的行為喔！

安親班

安親班其實就是私人的課後照顧班，在法規上都有明文規定師資條件與立案標準，在設立申請方面會比補習班更嚴格；也因為安親班是通過更嚴格的安檢及空間規範，所以能有用餐午睡等服務。

而「安親」當然就是為了「安父母親的心」，因此除了完成學校課業外，也會全力協助複習與準備考試。只是大部分的安親班都是讓孩子一整個下午留在室內，比較少會特別安排孩子們很需要的戶外或體能時間，是需要父母再另做安排補強的地方。

這四種是目前課後可以做的選擇，每種安排都一定有其優缺點，家長在和孩子討論決定後，記得要補足安排上不夠的地方，才能讓孩子的生活更豐富多元。也千萬不要覺得花了錢就事不關己，還是要留意孩子學校功課、生活、交友的狀況，畢竟孩子的教育無法全部外包給別人，父母依然是責無旁貸的關鍵啊！

我們家孩子在課後曾試過不同的選擇，參加過的有課後照顧班、美語補習班，兩兄弟也有將近四年是參加課後學社。現在回憶起來，當然是在課後學社的生活最令我們回味無窮，也帶給孩子們非常深刻的學習與體驗。

不過為什麼會在不同的課後型態中擺盪？這當然也是有原因的。三個孩子的個性、特質都不相同，如何為他們找到最適性的安排，也是身為父母的我們不斷在修正和學習的功課。

課後學社雖然豐富，但父母付出的辛勞真是不在話下。它不像補習班、安親班已經有既定的課程，照表操課即可，而是每個月要和老師開會討論下個月的課表，完全為孩子們量身訂作，共同安排出適合孩子的活動與課程，甚至很多活動是需要父母的大量配合才能發揮最大效應。

而其中的辛酸，真的還是要參加過的才懂。聽過有個團六年下來換過近十位老師，也有發生過家庭之間理念不合、大吵後離開收場等。

當然面試老師更是苦差事，十位老師同時排排坐，大家開會討論做選擇，可能開了三、四個小時都還沒辦法定案，真可說是勞心勞力又傷財的選擇啊（每月餐費、教師費、活動費、交通費等加起來一定破萬），那為什麼我們還願意參加那麼多年呢？

孩子的「社會第一課」

我記得是升小五的那個暑假，帶領我們雙胞胎兄弟這團的Vicki老師，她的專長之一就是美術，所以她利用一整年課後的時間，帶著孩子們完成了六十多件不同媒材的畫作。

某天，他們開會討論，決定要在暑假「辦畫展」。但我們又不是什麼美術班，說真的也沒有特別的美術天分，父母更不想為這個畫展花錢租場地，最後決定就地利之便來拜訪附近的餐廳、咖啡廳。

孩子們很用心的準備介紹自己的作品，從量測畫的尺寸做出作品集、給別人挑畫、裱框、布展、設計邀請卡、畫海報……全都分工合作，親手包辦。

我們家兩兄弟負責四處走訪餐廳、咖啡廳，直接面對了人情冷暖，聽孩子說有店家本來熱情滿滿的答應，事後卻反悔，讓孩子們覺得沮喪，直嚷著：「好辛苦啊，下次不要再辦了。」

有一次哥哥還回家問我：「媽咪，為什麼那個老闆在現場都笑嘻嘻的，回家我再打電話去問，卻說不能借我們呢？」當時我只有笑笑地說：「兒子啊，你以為大人做業務有這麼簡單喔？」

雖然孩子經歷這樣的事，我心裡卻是開心的，因為孩子可以在小學階段就學會面對「被拒絕」，這對他們來說是多麼重要的人生課題啊！

最終21家中，有4家咖啡廳點頭答應讓他們舉行一個月的展覽，孩子們開心得不得了。我也衷心感謝這些店家，不論是拒絕或答應，對他們來說都是未來人生不同的養分。

另一個讓我們始料未及的成果，就是小五寒假的「自行車環半島」之旅。六位高年級的孩子用六天五夜完成了從台北到台南近四百公里的旅程，其中所有的體能訓練、騎車技能、財務規畫、飯店住宿安排、路線休息點等，全部都由他們自己完成，大人只提供意見與必要的幫助。

六天當中除了體力、意志力的挑戰之外，第一天出發時就遇上帝王寒流來襲，淡水4.6度的極低溫，孩子們看出了我們的擔心，但還是自信滿滿地告訴我們：「媽媽，放心，我們沒問題的！」毅然決然地出發。

第三天，追風少年們騎到彰化王功，遇到大雨狂下、雷電交集，孩子們咬著牙苦撐著，沒有人因為下雨濕透的鞋襪而澆熄鬥志或是口出怨言。陪同的保母車爸爸看著孩子們的背影，在Line群組中說著：「真的好感動，媽媽們請忍耐啊！」

媽媽對孩子的牽掛與擔心，是永遠也不會因為孩子長大就減少一分的。但我相信此刻能做的，就是在心中默默為孩子們打氣，並相信他們：「孩子們，加油！媽媽會忍耐著自己的擔心，相信你們會完成對自己的挑戰。」

其中有一位同伴最後兩天還上吐下瀉、加上發生大夥輪流爆胎……但在報平安的電話中，我知道孩子們在這樣團隊合作的運動中是收穫滿滿且享受的，也慶幸做父母的我們在陪伴孩子成長的這些有限歲月裡，能讓他們體會真實生命碰撞而得到的火花與回憶，而不是在電玩、3C裡的虛構人生。相信這六天帶給他們的不只是對自我的認識與肯定，更是對一切人事物充滿謙卑與感恩。

小學六年占我們的親子之路三分之一的時間，離開了稚嫩懵懂的學前階段，也還未到桀驁不馴的青春期。這六年如果只是待在室內練習寫考卷，為了考好成績而努力，在我看來真是可惜了。

兒童期的孩子最重要的學習應該是面對未來能力的培養。他們需要有更多的機會從事真正有意義的活動，為接下來身心衝擊極大的青春期做最好的準備。

唯有在這個階段孩子能經由努力了解自己的極限、肯定自己的特質，才能減少青春期即將帶來的親子碰撞甚至衝突。課後的安排絕對占很大的影響比例，希望父母們都能為自己的孩子找到最適合的環境。

實用撇步123

如何選擇適合孩子的課後生活？

1. 現實層面的考量

距離、人力、學費、環境。

2. 教學的豐富性與穩定度

這兩件事通常不容易齊美。如果孩子是屬於穩定度高的，不妨挑戰多元的課程來拉開孩子的彈性；如果孩子是屬於較躁動型，穩定的環境和師資對他們來說就有一定的重要性。同時，千萬不可忽略運動對躁動型的孩子所產生的助益，建議在評估選擇時也要考量進去。

選擇好型態後，再多花點時間了解孩子的任課老師，與其保持暢通的溝通管道，才能真正確認孩子課後的生活是合適且豐富的。

關於唸故事書

我是一個很喜歡唸故事書給小孩聽的人，不論是以老師的身分還是媽媽，每次看到孩子們的眼睛發著光，目不轉睛地盯著我，我就感到非常滿足。

前幾天在親子課程最後唸完故事時，一個可愛的小男孩忽然上前來抱住了我，讓我整顆心瞬間暖了起來，也就更努力的找好書，安排在每次的課程最後和孩子們分享。然後我發現，我腦中浮現的好書，竟都是我和我的孩子們童年時的那段反覆唸誦的回憶。

老大的最愛是《野獸國》，那個不聽話被處罰的阿奇，在房間天馬行空的探險，是調皮小男孩們的最愛；

《好想見到妳》則是我的孩子們第一次認識五味太郎，為了見到奶奶，搭上一輛又一輛不同的車，對愛車如癡的小男孩來說，那可是吸引他們一看再看的動力；

《逃家小兔》是媽媽對孩子永遠不變的愛的證明，更看到孩子是媽媽永遠的牽掛；

《小蛇散步》是想像力的無限延伸，小蛇為了讓大家不用踩到水窪，竟然用身體搭成橋讓大家一步一步的渡過去，甚至連大象都可以碰咚碰咚的走過去呢！

《狗的鬼》應該可以說是非常特別的議題，小女孩背著的居然是狗的靈魂耶！感覺有點嚇人，卻又詼諧而親近，讓孩子們忍不住一讀再讀；

《不是箱子》是小小孩們的最愛，親子班的兩歲小男孩每次聽完都瘋狂大笑，我只能告訴他爸爸：「這是屬於他們的幽默，我們可能沒那麼了！哈！」

《媽媽買綠豆》是屬於我們那個年代的生活故事，綠豆串起的是樸實無華的愛與享受，是充滿溫暖與期待的小時候；

《菲菲生氣了》則是我們家孩子的第一本情緒教育好書，它同理了孩子生氣時火山爆發的怒火，也讓孩子們體驗了如何梳理情緒，用大自然、用畫畫、用家人之間的愛，平撫了自己；

《阿文的小毯子》則是幫助有戀物癖的孩子，走出卡關情緒的好書，沒有強迫、沒有威脅更不需要親友的友善指導，而是用媽媽的智慧與愛，讓小毯子如影隨形；

《媽媽的紅沙發》帶著孩子看到不同的生活困境，一場火災燒掉了所有家當，卻帶來了親朋好友的愛，溫暖了一無所有的心；

每次唸《小貓頭鷹》時，我都會看到當時稚嫩的孩子們眼中的擔心，那句「媽媽怎麼還不回來？」充滿了無限的焦慮，但最後當媽媽回來時的那句：「你們應該知道我一定會回來的。」他們回應的當然是最小的比比那句甜到心坎的：「我好愛媽媽！」相信這是帶著孩子走出分離焦慮最貼近他們的一本好書。

記得有次演講完，一位可愛的讀者抱著七個月大的女兒，很客氣又有點緊張地問我是否可以示範如何講故事給孩子聽？還非常慎重的拿出了我的《蒙特梭利教養進行式》中推薦的繪本。

一開始我愣了一下，因為沒想過會有這樣的要求，但本來就愛講故事的我，也就接下了故事書，在大家面前講起了故事給這七個月大的小女孩聽，還好小寶寶也非常買單，安靜又專注的聽我講完故事（當然也謝謝從頭到尾都專注認真，願意回到童年的全場觀眾）。

對我而言講故事最重要的，是自己也喜歡這個故事。每次講故事時，我都像個業務員一樣，想要讓孩子也知道這本故事有多好聽，又是多麼有趣！秉持著這樣的初衷，我發現孩子們都好買單，也很享受我們之間流動的默契，一起心領神會的進入到故事的境界中。

你不是說書人，而是幫助孩子培養閱讀興趣的人

說故事還有一個我謹記在心的重點，就是不用過度誇張，不要像個戲劇演員般的表演起來。

說故事者充其量只是一個橋梁、媒介，好讓孩子們愛上這本故事、愛上閱讀。我希望當我闔上書之後，孩子會自己再來翻閱，可以慢慢吸引他們自己獨立閱讀，這才是我想要扮演的角色。

如果是因為我的誇飾渲染，孩子才愛上這本書，孩子就會非常依賴我才願意閱讀。如何讓孩子邁向獨立閱讀的路，才是我最重要的用意。當然偶爾用不同的、誇張的方式詮釋故事也是可以接受的，那比較大的效力應該就會是在培養親子間愉快的互動氛圍，所以認真的媽媽們可千萬不要阻止爸爸們搞笑失序的演出喔！

回想起那些陪著我和孩子們度過的繪本、童書，心中滿是那段時光裡親密的感受與美妙的體驗。萬萬沒想到過了十幾年，連書中的主角名字、重要的對話我

都還可以如數家珍地背出來。

這些書不是只有默默地影響孩子，更是潛移默化地進入我的心底。當然更不用說我的三個孩子如今已進入青春期，閱讀的腳步從沒停下來過，經常自得其樂地浸潤在書的美好中。

我不知道他們是否可以像我這樣，打從心底記得多年前繪本中的主角和內容，但我相信那些共讀的時光肯定會為他們的生命留下些什麼，也許是陪伴、也許是媽媽的愛，也許是一輩子的感動。

實用撇步123

當孩子對閱讀沒興趣時：

1. 先確認故事的難易度是否符合孩子的年齡

故事太難會因為聽不懂而想離開，太簡單則吸引不了注意力。

2. 繪本百百種，是否有符合孩子的興趣

學齡前的孩子能大量閱讀繪本才是我們要努力的目標，是不是夠多樣性或總偏愛某一類的繪本，真的不用太擔心。

3. 生理上是否有困難

太想睡、肚子餓、急著出去玩……這些都可能影響孩子靜下來聽故事的心情。最好能養成閱讀的儀式，比如固定在睡前閱讀，讓孩子有所期待與準備，這樣閱讀故事的效果也會更好喔！

4. 孩子原本就不容易靜下來聽故事

如果已經排除上述三點，但孩子仍不愛聽故事時，可以先選擇短、但句子重複性高、有律動感的故事，比較容易幫助孩子進入。

親子閱讀的姿勢也是重點，可以將孩子放在大人盤坐的腿上，用書擋住孩子對外的視線，如此能減少干擾，更能讓孩子感受到大人唸書時的魅力喔！

過度閱讀

關於我們家老二閱讀的問題，我們一直非常困擾，困擾的不是他不愛閱讀，反而是他太過沉迷於閱讀這件事。

在我們家只要孩子不見了，我首先會去妹妹房間找人。妹妹房間有一整面大書櫃，三個孩子，尤其是老二，只要一有小空檔，就會在某個位子，倚著牆、靠著枕頭無聲無息的一直讀下去，直到被我提高音量地呼喚名字，才急急忙忙蓋上書跑出來。

閱讀當然是好事，這點我也不否認，尤其他的確從閱讀中獲益不少。像是從來沒去補過作文，卻在小四代表班級參加作文比賽；隨便一個主題就可以口若懸河的開講，內容豐富到連自然老師也嘖嘖稱讚等，都常令我吃驚。

老二閱讀的範圍非常廣泛，從低年級時的《三國演義》《西遊記》《封神榜》，到中年級的《史記》、各系列偵探小說……五年級時才開學不到兩個月，金庸的作品已經讀了四套，甚至我在讀的教養書、報紙，他都不放過的吸收著。

這一切聽起來好像挺美好的，但如果情境換成是老師正在上課的教室裡呢？

無法控制自己在上課偷看書

上課偷看書這個壞習慣大概是三年級開始的。小二時我曾進班看過他上課的狀況，老師在上課時他老是動個不停，不是在座位上不停發出噪音干擾課程，就是一下翻書包、一下敲鉛筆、玩鉛筆盒，不然就是翹著椅子兩隻腳搖晃、坐沒坐相，讓當時在現場的我真是尷尬極了，也終於了解為什麼他總被放逐在教室邊角的位置。更慘的是因為屢勸不聽，不斷被老師記點提醒，最後甚至累積到要罰抄82次課文。

升上中年級的老二，遇到一位極有耐心、包容度高的導師，也發生過因為屢勸不聽，課外書被科任老師抽掉，造成他大爆走，搞得老師沒辦法上課，師生雙方槓上的情形。最後我們在老師的建議下，認命地開始參加資源班的課程，目的是要學習衝動控制及情緒調整。

但對於上課偷看書這件事，相信我，身為家長的我們真的是試過各種策略，好言規勸、強硬處罰全都來過，但效果有限，沒多久就又聽到他再犯，實在傷透腦筋。

加上視力從小三就開始拉警報，前一個月看完眼科，醫師預告大概半年內，他就得要戴眼鏡了，真是晴天霹靂。老二自己非常厭惡戴眼鏡，所以對於這個消息極度排斥，但是說歸說，緊張也只有當下，回到教室依舊忍不住屢犯。

第一次師生衝突

高年級時果然出事了。這次是某科任老師走過去抽走他的書，老二告訴我他有控制住不可以亂發脾氣，但被老師一陣謾罵之後本以為已經熄火了，結果老師又把他叫出去，要他當著全班的面站在講台上、繼續接受老師情緒化的批評。

老師甚至說就是有像他這樣的壞學生，教育才會一直出問題，還說他們班一看就是一堆壞學生等，老二告訴我他真的當下氣不過，所以開始狠狠的瞪老師。據他形容後來老師甚至撇過頭去不敢看他，等到下課鈴聲響起才結束這場衝突。

老二真的是運氣很好，五年級帶領他的是一位相當專業又尊重孩子的好導師，之前還擔任過特教組組長，陳老師開學以來就很清楚的告訴他「上課看書當然是違反班規的」，但知道他的狀況，所以大家談好互退一步。比如老二必須隨時跟上大家的進度，如果老師要同學接力唸課文，他不可以拖慢大家速度或找不到唸哪裡；老師如果問問題，他一定得馬上答出來，所以幾次犯規被老師嚴厲處理，他也都心平氣和的接受。

我們曾問過老師要不要我們回家強硬的規定要求甚至處罰，老師卻希望再給彼此一點時間觀察再做決定。

再加上資源班的老師也很懂得如何帶他，所以我很尊重兩位老師的建議，在了解科任課事件的始末後，老師希望我暫時讓老二抽離該堂課，到資源班寫閱讀單或唸英文。我們雖然同意了，但說真的，心裡還是忐忑不安，不停想著這真的是好的方法嗎？他才十歲，難道他不能努力去適應各種老師嗎？就算是情緒管控不良的老師，大家都能接受，他不應該去被磨練嗎？

找專業的兒童心智科醫師求救

種種的疑惑迫使我替老二掛了號，去找我十分信任的吳佑佑醫師。我之前聽過她對於過動症ADHD精采的演講「幫助ADHD孩子快樂成長」，讓我佩服得五體投地，加上她本身也有一位過動的孩子（目前已經上大學了吧），我相信更可以為我們這些還在摸索學習的父母指點迷津。

我帶著忐忑的心情來到診所，來之前也清楚地和老二溝通過，覺得孩子大了，也該徵求他的同意，問了他：「你願不願意讓吳醫師幫助你，也幫助媽媽處理你忍不住上課看書這件事？也許吳醫師有一些方法，我們可以試看看？」所幸老二之前就見過吳醫師，也很信任她，所以當下就欣然同意。

看診的時候，我開始講述老二的問題，這讓他十分不自在，不停地摸著醫師桌前的防護條，又開始動個不停。吳醫師聽完之後告訴他：「怎麼辦，吳醫師也不知道要怎麼幫助你耶？」但還是給了老二一些小提醒，然後告訴老二她要和我說說話，請他到外面等。老二如釋重負的點點頭走出去，留下我開始忐忑不安地等待。

吳醫師和我在臉書上有過聯繫，知道我在幼兒園工作，她告訴我這真的不好處理。但仔細想想，其實看書也不是什麼罪大惡極的事吧？

她問我老二功課跟得上嗎？我說小日記常常拿全班最多章，數學考試這次全班六個九十分以上，他居然也摸到九十分（不過當然起伏很大），吳醫師接著說我們當然不能光明正大的同意上課看書這件事，但某種程度來說也許就睜隻眼閉隻眼吧。

還問我是否想過同時申請資優班？有些她的個案的確會這樣處理，尤其當她看了老二的智力測驗，就知道有一些課堂也有可能是他已經會了所以無聊，並建議我可以去找看看有國文資優班的國中。最後她笑笑地說：「結果今天我好像是在勸妳，不是在處理小孩耶！」我終於能放鬆心情笑出來。

我默默的點點頭，心想著：「那就得看老二的福分到哪裡了，能夠繼續遇到開放度夠的老師，是他和我們的福氣，如果遇到保守傳統型的老師，大概又會再上演課堂搶書的事件，看來也只能見招拆招了。」

身為媽媽的為難

如果是以老師的角度處理，我相信我的選擇和作法會和前面兩位老師一樣，某種程度的接納孩子不同的特質。

但今天我是孩子的母親時，總會希望孩子能和大家一樣，不要造成老師的困擾、甚至成為課堂的亂源。對於孩子種種不合常規的行為，我總是感到內疚自責，希望自己可以再多做些什麼，希望能努力改變孩子去符合傳統社會的期待，但這樣對孩子而言真的好嗎？這些傳統的期待真的能幫助孩子和我們嗎？

走出診間，我看到老二又興奮地拿著診間的書，告訴我這本超好看，好想看完再走時，我看著他，覺得自己好像放下了一些重擔。

我拿著老二的健保卡，忽然覺得來掛號的好像應該是我。

實用撇步123

當孩子不符合學校的期望時，我們可以怎麼做？

1. 放下成見，真心地去了解孩子的需要。
2. 了解自己過不去的「坎」到底是什麼？
3. 尋求專業人士如心理醫師、諮商師的協助。
4. 幫孩子找到適合他的教育環境。
5. 在孩子最困難的時候，請務必記得停止責難、一定要保持親子間的連接。

運動帶來的好處

如果要問我當了十幾年的園長和媽媽，覺得對孩子而言最重要的準備會是什麼？**我的答案只有兩個——就是「運動」和「閱讀」**。

你可能又要問，幼兒園的孩子還這麼小，可以做什麼運動呢？其實學齡前的孩子骨頭膠質多，不怕摔、復元快，的確以合作性運動而言，桌球桌子太高、籃球又太重，羽毛球、網球拍子更是拿不動，但足球的基本動作訓練可以增加他們下盤的耐力與靈活度，會是將來他們不論學什麼運動都需要預備的能力。因此在我擔任園長那時，也找到了理念相同、教學經驗豐富的教練團一起大力推廣了快十年。

訓練孩子的團隊合作

所謂的運動或是足球課不是只有隨興踢踢球、在公園跑跑步而已。以足球課為例，每次開始時，教練總是很有規畫的拿出繩梯，一次又一次的訓練孩子的體適能與速度、反應，兔子跳、開合跳、左右位移跳、前後位移跳、折返跑……光是基本動作做個幾次，連冬天孩子都可以滿身大汗。

接下來會進行一些足球的動作練習，從最基本的聽到哨音單腳停球舉手喊有、左右腳輪流跳躍踩停球、自行運球前進、繞過障礙物運球、雙人傳球、多人傳球、定點射門、帶球射門……接著開始進行他們最愛的比賽時間。每次看到孩子用盡全力的傳球、射門、得分，連看球的我們都會忍不住驚呼叫好呢！

我們的目的從來就不是培養出一個傑出的足球明星，而是在團隊運動的過程中，希望藉由運動培養孩子運動家的精神，更是要讓他們學習遵守團體的規則與紀律。外行人看熱鬧、內行人要看的門道，其實是孩子在練習的過程中，是否有足夠的控制力去遵守規則、足夠的堅持度去完成動作的訓練，甚至足夠的人際力來做好團段合作的使命。

我們有時還會主動邀請家長帶著孩子週末一起踢球上課，希望父母能有機會看到孩子在團體中真實的樣貌，了解很多時候孩子在家中和在團體中是會有不同的表現的。

輸贏都能給孩子成長的養分

記得有一次足球聯賽，我們幼兒園球員們一路過關斬將，終於到了冠亞軍賽，卻在最後幾分鐘因一分之差飲恨，幾個孩子當場淚灑球場。家長在旁邊看了當然會心疼，但這時更要告訴我們的孩子：「輸，不代表失敗，而是告訴我們的確遇到強勁的對手，或是團隊默契、基本動作還要再訓練；如同贏球時也不見得就值得高興，一場好的球賽，應該是盡心盡力扮演好自己在球隊的位置，這樣就算輸球，我們也會說這場球賽『輸得漂亮』！」

現今世代孩子生得少，挫折容忍度低、團隊合作精神薄弱。我也常告訴孩子們，如果在場上不小心摔跤了怎麼辦？就是站起來繼續踢，因為少了你，場上我們就馬上少了一人，所以請站起來繼續踢，請為團體的榮耀而努力。

每次在場邊觀賽，看到孩子摔了爬起來再踢，或是守門的孩子奮力擋下一球，又繼續連著飛撲滾地擋下下一球，心裡總有著滿滿的驕傲與感動，誰說我們的孩子是草莓族，我相信從小就培養他們「運動家的精神」，以後在人生的路上，再大的挫折，他們都會擁有爬起來再戰的能量！

在我陪伴自家雙胞胎十年踢球的過程中，印象最深刻的是他們在小六畢業前的那場球賽。一起踢了好多年球的隊友們升上國中後，幾乎都要離開球隊了，因此這場比賽有著非常重要的意義。

而在比賽的前一天，老大居然發燒到三十九度，我告訴他如果明天早上還燒就不能上場，然後你們這隊就沒守門了（他是守門員），他後來才告訴我，他比賽當天一早，就起床自己偷喝退燒藥，因為他非常想上場踢。

這場小學生涯的最後一次樂活盃，豔陽高照、秋老虎發威了一整天，結果他真的硬是撐到下午爭取到冠亞軍門票的比賽結束才終於投降，滿臉通紅、眼神渙散的告訴我：「媽媽，我下半場時就已經受不了了，我真的不行了。」一摸果然是全身滾燙。

雙胞胎這時就發揮功能了，原本就已經超緊張的弟弟，臨危受命冠亞軍賽必須去擔任守門，管不了他一直搖頭說不想，也沒有選擇的只能把緊張到不行的他推了上去。

我能了解他的緊張，畢竟這可是冠亞軍賽，強度不是預賽可比擬的，任何一個小小的失誤都會迅速被強敵抓住、乘機進攻。上場前教練把弟弟帶到一旁告訴他：「已經踢到冠亞軍了，放心，無論結果如何，真的不會有遺憾了！」老二聽完後默默的點頭，戴上守門手套，穿上守門背心，腳步雖然沉重卻也硬著頭皮上場了！

好在隊友們拚了命的幫忙防守，大夥知道守門員的狀況所以也都拚了。更讓我感動的是這群大孩子的成熟，弟弟告訴我其中一個後衛漏了球，還走過去和守門的他說：「對不起啊！」他就笑笑的說：「沒關係啦！」在這樣壓力極大的場上，我真是喜歡這樣溫暖的同袍之情流動啊。

好努力的前鋒們，超有默契的傳接球，沒有喘息的不斷來回衝刺著，後來的一個頭錘進門，更是全場一片震耳的掌聲、尖叫聲！

只有七個人的隊伍，豔陽高照踢了一整天，孩子們到最後一秒，都還在場上全力奔馳著，耗盡全力的樣子令我們這群大人動容。身為啦啦隊的我們真的看得好精采，也覺得很榮幸。

球是圓的，在球場久了就會知道勝敗真的乃是兵家常事。輸球不代表我們不夠好，贏球也不代表我們就完美了。輸贏只是球賽中的附加價值，能夠支持我們在足球的路上繼續前進的，是我們看到比賽中孩子們對彼此的信任支持，以及不論輸贏對彼此的坦然接受，就算漏球失分都相信彼此已經盡了全力，沒有責怪，只有共同承擔的成熟器度。

隔天早上開車送孩子們上學的路上，我一時興起問弟弟：「你臨時要擔任冠亞軍的守門員時，心裡在想什麼啊？」

他馬上脫口而出：「『你不用羨慕飛鳥的靈巧，也無須畏懼猛虎的力道，你就像一隻穩重的大龜，照著自己的步調走，除非內心動搖，否則誰也撼動不了你的地盤。』媽媽，這是《格鬥棋王》上的句子，我當時腦中就一直浮現這句話！」

好有意境的一句話，連媽媽我都有被震撼到的感覺，所謂運動家的精神又豈是「勝不驕，敗不餒」而已，那種破釜沉舟的勇氣，沒想到也在這場冠亞軍的比賽中真切地體驗到了。

我們無法預期孩子未來的人生會有什麼樣的挑戰，而我們能給他們的，就是藉由運動學到永不放棄的堅毅、同舟共濟的團隊合作，以及面對困境時，義無反顧、放手一搏的勇氣吧！

實用撇步123

如何培養孩子運動的習慣？

1. 請先多方嘗試，了解孩子的優勢在哪裡。
2. 陪伴才走得遠，不要以為付了錢就了事。親子共同參與才是孩子最大的動力。
3. 讓孩子從中感受到成就感而非挫敗感，可以嚴格但不是苛責。
4. 找到適合的指導者與團隊，孩子才能樂在其中並有所學習。

帶著孩子走出教室的學習

在我離開十三年幼兒園園長的工作，重新布署人生規畫的空檔期，一位教育界的前輩找上了我，希望我可以幫忙她成立親子共學的空間與課程。因為她也有一間小學課輔班的教室，所以請我也幫忙管理和設計課程。

我本身當然是沒有受過專業的小學課程訓練，但因為有蒙氏理論基礎與多年在幼兒園現場工作的經驗、校友家長的回饋，加上自己三個孩子我也都扎實的陪伴走過小學階段，因此有很多的想法想要嘗試。

前輩一開始就告訴我，她不想要讓學生們每天就是解題目、作測驗，只為了得高分而努力。教室中大部分的孩子都是從她的蒙特梭利幼兒園畢業的，和家長也有一定默契，所以希望我可以幫忙做出特色，找到屬於他們課輔班的方向。

前輩投資了不少在小學蒙特梭利教具的採買上，可惜我沒有受過專業的操作訓練，只能用幼兒園延伸的概念和網路資料來帶他們做一些數學的操作。

我更想做的是讓課本生活化，帶著他們走出教室去探索世界。畢竟小學和之後中、高、大學比起來，真的是最沒有課業壓力的時刻了。

有幾堂課我試著用桌遊來引發他們的興趣，像是《知識線》系列中的〈動物篇〉〈環遊世界篇〉。〈動物篇〉中在上百張的動物卡片上，介紹了每種動物的身高、體重、平均年齡，玩法就是讓孩子們猜測排列出順序來，卡片上還有顯示這種動物分布的地區，以及是否頻臨絕種的資訊，是引發孩子興趣極好的教材。

接下來我到圖書館借了十幾本有關動物的書，當然盡可能是《知識線・動物篇》中有的動物。我請孩子們選一種自己最喜歡或最想了解的動物，來做屬於自己的「動物小書」。

我提醒他們《知識線》中提供的線索都可以寫進小書中，然後加問了一些開放性的問題，比如：你覺得這個動物最有趣的是什麼？你為什麼喜歡這個動物？請告訴我一個關於這個動物的冷知識？等。在過程中最重要的目的，其實是要孩子們學會查資料、找資源，還有能落落大方的上台報告，而不是只習慣出一張嘴的問出答案。我也一再告訴孩子們，這些開放性的問題答案沒有對錯，所以請放心地去找、去寫、去分享，老師欣賞的是主動的態度，而不是答案有沒有正確！

肯定孩子的努力，而非只看重結果

在二〇一八的PISA（國際學生能力評量）調查結果發現台灣學生在各科其實都有不錯的表現，但竟是全世界最害怕失敗的孩子！

在我帶領這群孩子們時，其實也有這樣的感慨，孩子們好怕犯錯，常常來問我這樣對嗎？或是寫完之後我反問他們：「你們覺得這題數學有算對嗎？」幾乎沒有孩子敢肯定的、大聲地說：「我覺得一定對！」反而常遮遮掩掩的說：「我覺得應該不對。」

為什麼我們的孩子對自己這麼沒有信心？為什麼他們覺得先說自己是錯的比較安全？這些問題在這幾個月陪伴他們的過程中，我反覆的思考著，也努力淡化對錯的重要性，我相信只要有大人願意改變對待他們的態度、回應他們的方式，他們就有可能開始出現不同的體悟和省思。

而《知識線．世界篇》就更有趣了，這回合的課程我的主題放在和時事結合，孩子們對於新型冠狀病毒在世界蔓延的問題都非常有興趣，因此我們甚至玩了一次是以各國確診人數作基準的遊戲，藉由遊戲更認識了不同國家的位置、經濟發展、人口數等。

我相信這些引導才能真正引發孩子學習的動力，而非只有靠死記和考試來填鴨。我更相信知識只是個工具，我們可以陪著孩子活化這些知識，讓孩子真正有能力看到問題、運用知識、尋求答案，而這也就是我們要的素養教育。

還有一次，我帶著課輔班的小學生們在社區做學習單，配合三年級的社會主題分組繪製社區地圖。孩子們分成四組，其中有一組是帥帥又聰明的男生組，他們很快地就完成了現場蒐集資料的動作。

等大家都蒐集完回到教室開始整理資料，謄到正式的圖畫紙上時，帥帥男生組居然開始問我某些店家的字怎麼寫，我有些驚訝的問他們：「剛剛在樓下的時候，那些招牌寫的都是國字啊，你們怎麼會現在問我字怎麼寫？」

我靠近一看才發現，這幾個鬼靈精的小男生為了求快，居然很多都是用注音符號記下來的，難怪這麼快可以完成。我直接點出他們的小偷懶，小男生們沒敢說什麼，我也就繼續忙著協助其他組了。

當我再抬起頭時，忽然想起他們怎麼都沒再問我國字了呢？然後發現他們認命的拿了班上的字典，一個一個的查著，真的找不到是哪一個字，才再拿著字典來問我做確認。

我笑笑的告訴全班：「雖然剛剛帥帥小男生組有點偷懶，當大家在忙著寫下正確的店名、招牌時，他們用注音很快的完成了，但現在我看到他們自己找到方法補救，很認命地查字典，而不是把錯誤轉嫁到老師身上，只會出一張嘴用問的，我很欣賞這樣的態度！」小男生們嘴邊多了些笑意，而且更認真、認命的繼續地圖的製作。

孩子哪有不犯錯的，我從不刻意掩飾地說出我的觀察，客觀的點出他們的盲點，且當他們願意自我修正的時候，我更會不吝嗇的給予他們大大的讚賞！

和小學生們的合作，雖難免有不如意的時刻，但每次下課離開時，總有著滿滿的成就感。每個學生我都欣賞，也很珍惜每次和他們一起努力的時刻！

帶著孩子走出教室的學習需要一些創意，需要對孩子的理解，更需要翻轉的勇氣，相信就算我只是他們漫長的學習生涯中的過客，甚至根本稱不上是什麼專業人士，但這些正向的鼓勵、肯定與真實友善的對話，多少都能在他們的心靈種下不同的種子，等待未來有一天能靠他們自己的力量讓它茁壯、開花。

實用撇步123

如何養出一個不怕犯錯、有自信的孩子？

1. 允許孩子犯錯

在安全且不會造成別人困擾的情況下，讓孩子有所發揮和嘗試。如果你不想養出一個只會出安全牌的孩子，你就需要有在他提出不同見解時也能欣賞他的創意；在他嘗試不同的挑戰時，就算失敗也能肯定他的勇氣。

2. 引導孩子換個角度思考

不論結果成敗，都不要讓孩子拘泥於其中。如果球隊輸球了，讓他了解輸是在幫助我們看到還有哪裡需要努力；贏球時也要讓孩子了解，所有的成功其實也都需要一些好運，心存感恩才能從容面對任何結果。

3. 減少使用集點制或習慣用物質獎勵孩子

如果孩子的自信是因集點或獎勵而來的，在未來將很可能會崩盤。現實生活中不可能有努力就保證有收穫，用這樣的方法來控制孩子的行為，也將使得孩子變成外控型的人，只要做一點好事，就和大人討拍、討獎勵。而無法內化動機的結果，將更難承受失敗，甚至在一次犯錯之後就選擇逃避挑戰，對自己失去信心。

國家圖書館出版品預行編目資料

用同理心解鎖孩子的情緒：帶你看見孩子的內在需求，讓教養不再卡關／何翩翩 作 . -- 初版 -- 臺北市：如何，2020.08
272面；14.8×20.8公分 --（Happy Family；81）
ISBN 978-986-136-555-8（平裝）

1. 育兒 2. 親職教育

428.8 109008638

圓神出版事業機構 Eurasian Publishing Group 用心與你對話．視野無限寬廣
如何出版社 Solutions Publishing

www.booklife.com.tw
reader@mail.eurasian.com.tw

Happy Family 081

用同理心解鎖孩子的情緒：
帶你看見孩子的內在需求，讓教養不再卡關

作　　者／何翩翩
發 行 人／簡志忠
出 版 者／如何出版社有限公司
地　　址／台北市南京東路四段50號6樓之1
電　　話／（02）2579-6600．2579-8800．2570-3939
傳　　真／（02）2579-0338．2577-3220．2570-3636
總 編 輯／陳秋月
主　　編／柳怡如
專案企畫／尉遲佩文
責任編輯／丁予涵
校　　對／柳怡如．丁予涵．張雅慧
美術編輯／蔡惠如
行銷企畫／詹怡慧．曾宜婷
印務統籌／劉鳳剛．高榮祥
監　　印／高榮祥
排　　版／杜易蓉
經 銷 商／叩應股份有限公司
郵撥帳號／ 18707239
法律顧問／圓神出版事業機構法律顧問　蕭雄淋律師
印　　刷／祥峰印刷廠
2020年8月　初版
2024年2月　6刷

定價310元　ISBN 978-986-136-555-8